内陆河流域水资源与水环境管理研究

——以石羊河流域为例

康德奎　王　磊　编著

黄河水利出版社
·郑州·

内容提要

本书主要分析了石羊河流域地表水资源的时空分布特征，构建了水环境评价指标体系，对石羊河流域水环境进行了模糊综合评价，提出了流域水环境管理优化建议；构建了地下水管理评估体系，基于层次分析法和熵权法对石羊河流域地下水管理进行了评估；分析评价了石羊河流域农业用水现状特征及存在的主要问题，探讨了各类农业灌溉用水效率评价指标的意义及使用条件，运用数据包络分析对石羊河流域灌溉用水技术效率进行了计算分析，基于Tobit模型对石羊河流域灌溉用水效率的影响因素进行了分析评价。本书可为促进我国内陆河流域水资源的可持续利用和优化配置提供一定的理论参考。

本书可供从事水资源管理、水环境评价、农业水资源高效利用等相关专业的科研人员及关心水利行业发展的读者使用，同时可供水利管理部门的科技工作者和工程技术人员使用。

图书在版编目(CIP)数据

内陆河流域水资源与水环境管理研究：以石羊河流域为例/康德奎，王磊编著．—郑州：黄河水利出版社，2020.5
ISBN 978-7-5509-2647-9

Ⅰ．①内…　Ⅱ．①康…②王…　Ⅲ．①内陆水域-水资源管理-研究-中国　②内陆水域-水环境-环境管理-研究-中国　Ⅳ．①TV213.4　②X143

中国版本图书馆CIP数据核字(2020)第065236号

组稿编辑：母建茹　　电话：0371-66025355　　E-mail：273261852@qq.com

出 版 社：黄河水利出版社　　网址：www.yrcp.com
地址：河南省郑州市顺河路黄委会综合楼14层　　邮政编码：450003
发行单位：黄河水利出版社
发行部电话：0371-66026940、66020550、66028024、66022620(传真)
E-mail：hhslcbs@126.com
承印单位：河南瑞之光印刷股份有限公司
开本：787 mm×1 092 mm　1/16
印张：10
字数：172千字　　印数：1—1 000
版次：2020年5月第1版　　印次：2020年5月第1次印刷

定价：58.00元

前 言

水资源是人类生产与生活的重要物质基础，自然界的可用水资源量是有限的。随着社会经济的发展，人们对水资源量的需求也越来越高，水资源量需求与供给间的矛盾也日益尖锐，水资源短缺已成为制约社会经济发展的重要因素。从可持续发展观点看，世界上许多国家和地区都将面临水资源的优化配置问题，很多区域的可用水资源量已开发利用到了极限状态，水资源的时空分布与需水量的时空要求不协调的现状，对区域内有限的水资源如何进行调配提出了新的要求。

我国的内陆河流域的水资源优化配置一直是学者们关注的热点问题。在水源极度匮乏、生态环境极度脆弱的石羊河流域，对有限的水资源进行客观的调查评价和科学合理的调度管理，有利于实现区域内有限水资源的可持续利用；区域社会经济和生态环境的协调发展，对解决好流域内的各地区、各行业及生态环境之间的竞争性用水问题具有重要意义。

本书分析了石羊河流域地表水资源的时空分布特征，在对流域水质和水资源管理现状调查的基础上，构建了水环境评价指标体系，对石羊河流域水环境进行了模糊综合评价分析，提出了流域水环境管理优化建议；描述了地下水利用现状及地下水超采引发的生态与环境问题，分析了该流域地下水超采区变化趋势，确定了区域地下水超采区的范围，构建了地下水管理评估体系，基于层次分析法和熵权法对石羊河流域地下水管理进行了评估，提出了加强地下水超采区治理和监督管理的对策建议；分析评价了石羊河流域农业用水现状特征及存在的主要问题，从不同角度探讨了农业灌溉用水效率评价指标的意义及适用条件，运用数据包络分析对石羊河流域灌溉用水技术效率进行了计算分析，基于 Tobit 模型对石羊河流域灌溉用水效率的影响因素进行了分析评价。本书可为促进我国内陆河流域水资源的可持续利用和优化配置提供一定的理论参考。

本书由石羊河流域水资源局康德奎、王磊主笔。全书共分为 10 章，第 1 章主要介绍了石羊河流域的概况；第 2 ~4 章主要介绍了石羊河流域水环境管理的模式，提出了石羊河流域水环境管理模式优化方案；第 5 ~6 章主要描述了地下水超采区的划分方法及流域超采区评价，构建了地下水管理评估体系，对石羊河流域地下水管理进行了评估;第 7 章主要介绍了石羊河流域农业用水现状;第 8 ~ 10 章主要介绍了灌区农业灌溉用水效率指标的意义及适用条件,对石羊河流域灌溉用水技术效率进行了计算分析,对石羊河流域灌溉用水效率的影响因素进行了分析评价。在本书撰写过程中,石羊河流域水资源局周伟达,华北水利水电大学王燕、连海东,甘肃省景泰川电力提灌管理局何玉琛、王喆等提供了重要的参考资料并提出了中肯的修改意见和建议。

本书的出版得到了国家自然科学基金资助项目(51579102)、中原千人计划项目(204200510028)、河南省高校科技创新团队支持计划(19IRTSTHN030)、河南省高等学校重点科研项目计划(20A570006)及浙江省农村水利水电资源配置与调控关键技术重点实验室的联合资助。作者在编写过程中参考和引用了许多专业书籍、文献资料、教材的论述,同时得到了诸多专家、教授的指导,他们对本书的编写提出了许多宝贵的意见和建议,在此一并表示衷心地感谢!

因作者水平有限,经验不足,缺点和疏漏在所难免,恳请读者批评指正。

作　者

2019 年 11 月

目 录

第 1 章　石羊河流域概况

1.1　概　述

水资源是人类生产与生活活动的重要物质基础。随着社会经济的发展，人们对水资源的需求越来越高，而自然界提供的可用水资源是有一定限度的，水资源需求与供给间的矛盾日益尖锐，水资源短缺已成为制约社会经济发展的重要因素。从可持续发展观点看，世界上许多国家和地区都将面临水资源的优化配置问题，自然界所能提供的可用水资源却是有限的，而水资源的时空分布与需水量的时空要求不协调，对有限的水资源如何进行分配，使其既满足社会经济发展的需要，又满足生态环境对水资源的需求，是人类面临的一大难题。大规模的人类活动明显改变了流域水循环的时空分布，进而导致依存于水循环的生态环境也发生了相应改变。联合国可持续发展委员会也把水问题作为实施可持续发展中的首要任务。

水资源配置系统为一个规模庞大、结构复杂、功能综合、影响因素众多的大系统，必须考虑系统固有的特征，即多目标、多属性、多层次、多阶段及不确定性因素等。水资源系统规模日趋增大、影响因素逐渐增多，导致其结构更趋复杂，从而对水资源配置提出了更高更新的要求。从最初的水量分配到目前协调考虑流域和区域经济、环境和生态各方面需求进行有效的水量宏观调控，水资源配置研究日益受到重视。

水资源优化配置是指在一个特定流域或区域内，工程与非工程措施并举，对有限的不同形式的水资源进行科学合理的分配，其最终目的就是实现水资源的可持续利用，保证社会经济、资源、生态环境的协调发展。水资源优化配置的实质就是提高水资源的利用率，合理解决各地区、各行业及生态环境之间的竞争性用水问题。实施 2000 年开始西部大开发战略，加快西部地区发展，其中一个重要的制约因素就是西部的水资源问题。“西部大开发，水利要先行”正在成为人们的共识。

石羊河流域是甘肃河西走廊三大水系之一，流域总面积 4.16 万 km^2，多年(1950～2017 年)平均水资源总量 15.700 0 亿 m^3，是我国最干旱的地区之一，生态环境极其脆弱，荒漠化日趋严重，时任国务院总理的温家宝自 2001 年以来,多次批示,“决不能让民勤成为第二个罗布泊”。2005 年,全国人民代表大会召开期间,温家宝总理在参加甘肃代表团讨论时,再次关切地问道:民勤县沙漠治理得如何?并强调:决不能让民勤成为第二个罗布泊。决不能让民勤成为第二个罗布泊,这不仅是一个决心,而是一个一定要实现的目标;这也不仅是一个地区的问题,而是关系到国家发展和民族生存的大计。发改委会同甘肃省将这件事情列入议事日程,统筹规划,落实措施,科学治理,务求实效。这是一个大国总理对一个“沙漠县”生存发展的深切关怀,对一个水系变迁教训的深刻总结,对石羊河流域和民勤生态现状的深刻分析,是防止第二个罗布泊出现的忠告和警示,也是对各级党委政府的谆谆告诫和殷切希望。石羊河流域的水土资源已经开发过度,水资源短缺、水资源污染、生态环境恶化等问题已危及地区、社会、经济、生态环境系统。

2005 年以前,由于人类活动和自然、历史等原因,流域水资源过度开发利用、上中游地区过度开发灌溉用地、下游地区过度开采地下水,经济和社会发展用水严重挤占生态用水,一些开发程度高的地区生态用水严重不足,因此产生了一系列的生态与环境问题,如区域性地下水位持续下降,地下水质恶化,泉水溢出量减少,土地沙化、盐碱化等。针对石羊河流域水资源利用和生态环境存在的突出问题,治理石羊河,抢救民勤绿洲,改善石羊河流域的生存和生态环境状况,保障西北地区的生态安全及河西走廊大通道的安全,已成为该流域综合治理的重点工作。

自 2006 年起,国家实施了甘肃省石羊河流域重点治理项目,从加强流域水资源管理、修复和改善生态环境、维护生态安全和可持续发展的角度出发,提出了指导内陆河流域水资源开发利用的保障措施,建立了水资源有序利用的管理体系,确定了流域水资源配置、节约、保护和管理分阶段目标,可为全国内陆河流域水资源的科学管理提供理论支撑。

1.2 石羊河流域环境

1.2.1 自然地理特征

1.2.1.1 地理位置

石羊河流域位于甘肃省河西走廊东部、乌鞘岭以西、祁连山北麓,地理位置介于 N37°10′~39°24′,E101°06′~104°04′。东南与甘肃省白银市、兰州市两市相连,西北与甘肃省张掖市毗邻,西南紧靠青海省,东北与内蒙古自治区接壤。行政区划包括武威市的古浪县、凉州区、民勤县全部及天祝县部分，金昌市的永昌县及金川区全部，以及张掖市肃南裕固族自治县和山丹县的部分地区、白银市景泰县的少部分地区，流域共涉及四市九县，总面积 4.16 万 km^2。其流域地理位置见图 1-1。

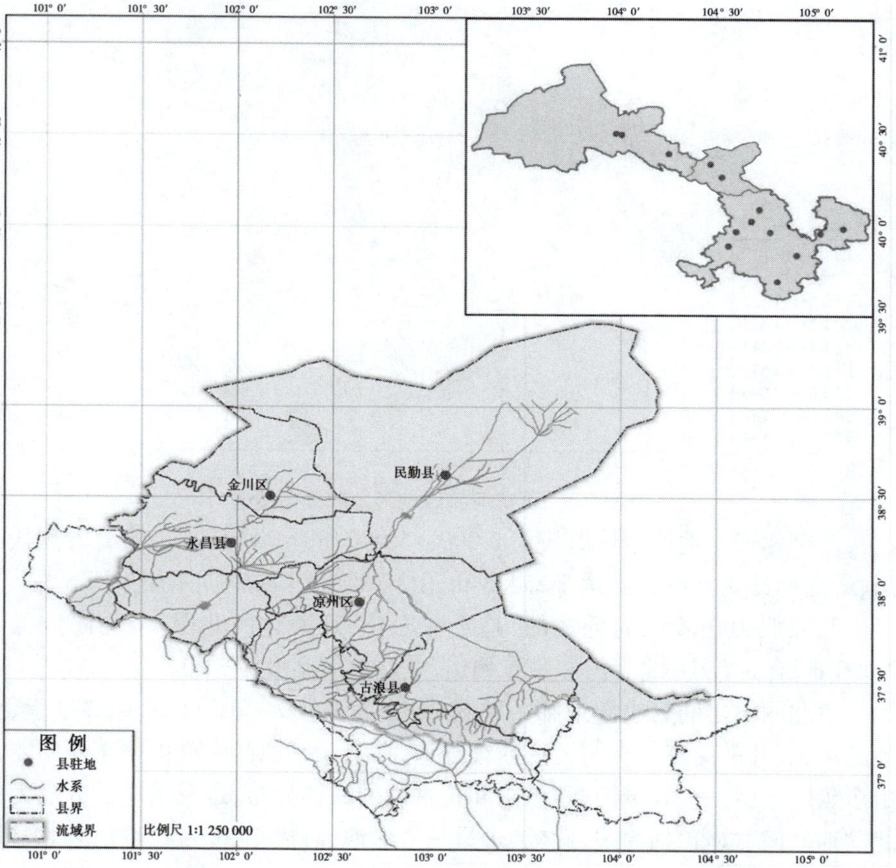

图 1-1　石羊河流域地理位置示意

1.2.1.2　地形地貌

石羊河流域地处黄土、青藏和蒙新三大高原的交汇过渡地带，流域内地势南高北低，自西南向东北倾斜，全流域由南向北大致可分为四个地形区，即南部祁连山地区、北部低山丘陵区、中部走廊平原区以及荒漠区四大地貌单元。其中，中部走廊平原区又可划分为灌溉绿洲区和戈壁沙漠区。石羊河流域地形地貌分布情况见图 1-2。

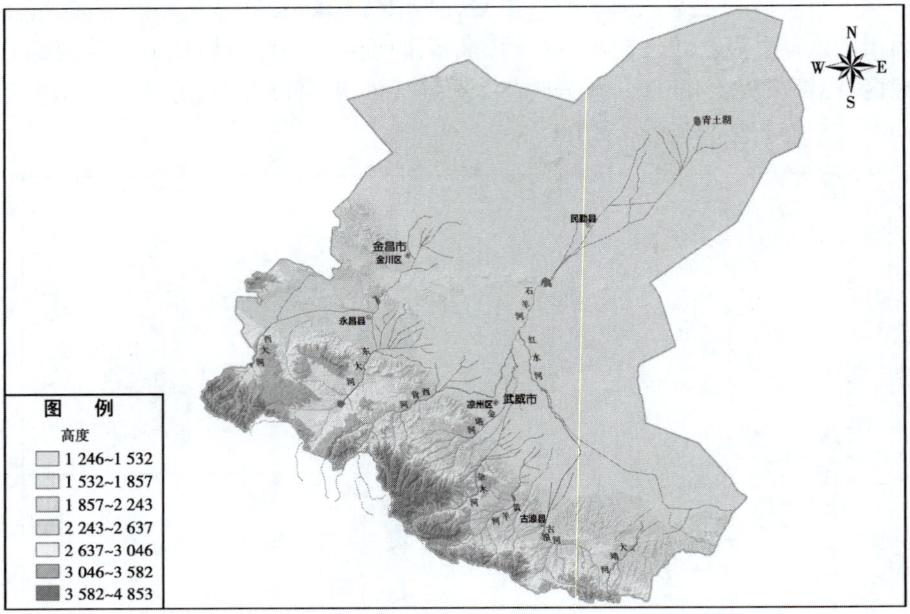

图 1-2 石羊河流域地形地貌分布图

南部祁连山地区山体海拔为 2 000 ~ 5 000 m，4 000 m 以上发育着现代冰川，最高峰冷龙岭海拔高达 5 254.5 m，山脉大致呈西北—东南走向。

北部低山丘陵区为低矮的、趋于平原化、荒漠化的北山，平均海拔低于 2 000 m，有龙首山、北大山和雅布赖山，龙首山最高海拔 3 616 m。

南北两山之间为中部走廊平原区，海拔为 1 500 ~ 2 200 m，地势平坦、土地肥沃，大片的灌溉绿洲与戈壁断续分布，在走廊平原区中部由于东西向龙首山东延的余脉——韩母山、红崖山和拉古山的断续分布，走廊平原被分隔为南北盆地。南盆地包括大靖、武威、永昌三个盆地，海拔 1 400 ~ 2 000 m；北盆地包括民勤—潮水盆地、昌宁—金昌盆地，海拔 1 300 ~ 1 400 m。

北部的阿拉善高原海拔为 1 500 ~ 2 200 m；雅布赖山西北为巴丹吉林沙漠，主要为复合沙山，海拔多为 1 200 ~ 1 500 m；雅布赖山东南为民勤绿洲和腾格里沙漠，沙漠周边区域为新月形沙丘和沙丘链。

1.2.2 气候特征

石羊河流域位于甘肃河西走廊的最东部，受来自东南沿海海洋季风和青藏高原的影响（盛夏时期西南气流可把印度洋和孟加拉湾的水汽输送到河西走廊的东部地区——石羊河流域)，这里的降水较河西走廊西部多。总的分布趋势是由北向南随高程而增加，降水中心在冷龙岭附近的高山冰川分布区，年降水量达700 mm以上，是本区，也是整个祁连山地区降水量最多的地区。在南部祁连山区，降水量具有自东南向西北递减的趋势，山区降水量由东南部的700 mm左右向西北递减至300 mm左右。河西走廊区降水量亦是自东南向西北减少，由东南部的300 mm降至西北部的100 mm；蒸发量则自东南向西北增加，由东南部的1 000 mm以下增至西部的2 000 mm以上；由于海拔的影响，气温方面东西间的差别更为突出，走廊区东部的古浪年平均气温为5.2 ℃、永昌年平均气温为5.1 ℃，中部的武威年平均气温为8.0 ℃，而北部的民勤年平均气温可达8.3 ℃。

气候随高度的变化明显。年降水量的一般分布变化规律是随海拔的升高，降水量逐渐增大，当高程达到某一高度时，降水量达到最大值。当高程继续升高时，降水量又随高程的升高逐渐减小。高山区水面蒸发量小，在800 mm以下；一般南部山区的海拔为2 000～2 400 m时，蒸发量为800～1 200 mm；当河西走廊平原区的海拔为1 000～1 500 m时，蒸发量增至1 400～1 800 mm；北部沙漠区更高达2 000 mm。平均高程每升高100 m，蒸发量递减56 mm。

1.2.3　河流水系

石羊河河流全长300 km，历史上又称谷水，其下游曾潴积成湖，汉称休屠泽，后又名白亭海，现名青土湖，于1959年完全干涸，2010年治理恢复季节性水面。

石羊河水资源产生于祁连山东端的冷龙岭及毛毛山北坡，由彼此不联系的许多山地河流汇合而成。自西向东较大的河流有西大河、东大河、西营河、金塔河、杂木河、黄羊河、古浪河和大靖河等。石羊河流域水系分布情况见图1-3。

(1)西大河：它是石羊河流域最西的一条支流，发源于甘肃省张掖市山丹县祁连山脉中段金瑶岭北麓，发源地海拔4 350 m左右。西大河上游主要由五条支流组成，支流分布形状如树枝状，其中脑儿墩、平羌沟、拦腰沟和鸾鸟沟山高坡陡，降水丰富，古松林河源为大片湿地，降水多转化为地下水形式补给河流，这几条支流为西大河的主要产流区。各支流于三个洞掌一带汇合后进入两个半峡，流入西大河水库，水库控制流域面积788 km^2。河水经西大河水库调节后，流经约15 km峡谷段，出山后引入西大河灌区，灌区余水及泉水量最终汇入金川峡水库。

图 1-3 石羊河流域水系分布图

(2)东大河:它是河西走廊地区石羊河水系的第二大支流,发源于祁连山脉东段冷龙岭北麓,流域分水岭最高处为冷龙岭主峰,海拔 5 254 m。东大河流域南以祁连山的冷龙岭为界与大通河相依,东以西营河为邻,西与西大河相邻,北部是石羊河干流。流域地势由西南向东北倾斜,流域的上游分为东西两岔,分别为直河和斜河,两岔河流流至皇城镇大湖滩附近汇合后称为东大河,在皇城镇附近汇入皇城水库。水库控制流域面积 1 030 km^2。

(3)西营河:它是石羊河流域最大的一条内陆河,位于凉州区西南部,发源于祁连山北麓的冷龙岭,主峰海拔 4 874 m,终年积雪。西营河主要支流有宁昌河、水管河、青羊河、托洛河、龙潭河、响水河和土塔河。水库以上主河道长76.7 km，控制流域面积1 455 km^2。水文资料记载，1950年以来，最大年径流量5.14亿m^3/a(2003年)，最小年径流量2.452亿m^3/a(1991年)，多年平均径流量3.78亿m^3/a。

(4)金塔河：它也称南营河，发源于天祝藏族自治县境内祁连山冷龙岭，源头由大水河、冰沟河组成，主干流长约40 km，出山口以上集流面积852 km^2。据南营水库水文站资料，1950年以来，金塔河河流最大径流量为2.314亿m^3/a(1954年)，最小径流量为0.792亿m^3/a(2013年)，多年平均径流量为1.369亿m^3/a。

(5)杂木河：它发源于祁连山北麓、天祝藏族自治县境内冷龙岭一带，源头为牛头河，在汇入左岸最大的支流车轮沟后始称大毛藏河，经过毛藏峡谷后称杂木河。在杂木寺以上主河道长60 km，控制流域面积851 km^2。1950年以来，杂木寺站最大年径流量为4.948亿m^3/a(1958年)，最小年径流量为1.395亿m^3/a(1965年)，多年平均径流量为2.443亿m^3/a。

(6)黄羊河：它发源于祁连山北麓的冷龙岭，有哈溪河、峡门河两条主要干流，水库以上主要干流长约50 km，集水面积837 km^2。水文资料记载，1950年以来最大年径流量为2.15亿m^3/a(1961年)，最小年径流量为0.675亿m^3/a(1991年)，多年平均径流量为1.364亿m^3/a。

(7)古浪河：它发源于祁连山脉乌鞘岭、毛毛山、雷公山、牛头山北麓，自东向西有黄羊川河、大南冲河、庙儿沟河、小龙沟河、龙沟河、张家河、萱麻河7条支流，汇合于十八里堡后称古浪河，之后进入长约8 km的峡谷河段——古浪峡，出山后与柳条河汇流。由南向北流经十八里堡乡、古浪镇、定宁镇、泗水镇、土门镇、永丰滩乡汇入红水河，流入石羊河干流。古浪河主河道全长48 km，出山口以上集水面积878 km^2，还原后出山口年径流量为0.617 0亿m^3/a。

(8)大靖河：它发源于毛毛山北麓，由大直沟、酸茨沟、条子沟、庄浪沟汇集而成，并入大靖水库，又经大靖峡出山流入平原，消失于海子滩、腾格里沙漠。主要支流有条子沟、小直沟、酸茨沟和庄浪沟等，汇集于大靖峡，全长45 km。还原后出山口年径流量为0.132 6亿m^3/a。

各河流年内来水量不均匀，6～9月径流量占年径流量的67%～74%，4月占13%～18%，10～12月占8%～9%，1～3月占3%～14%，与降水量同步变化。河流出山后，大部分河水被蓄引灌溉，并在山前冲洪积扇群强透水带渗漏转化为第四纪洪积相地层中的潜水，至南盆地中部，从洪积扇群边缘开始，一部分地下水沿浅切的河槽由泉水转化为地表水溢出，并汇集成泉水，河流流出南盆地进入北盆地,其余消耗于潜水蒸发和人工开采。

流入北盆地的水有两个入口,一条是由西大河和东大河部分水量转化为地下水至扇缘处以泉水形式溢出汇集成的金川河,经金川峡流入昌宁盆地;另一条是由东大河部分水量和西营河、金塔河、杂木河、黄羊河、古浪河的水量转化为地下水至扇缘处又以泉水形式溢出地表,汇集成众多泉水河,在武威盆地北缘先后复汇成石羊大河(为石羊河中游),之后北流穿过红崖山口,经由红崖山水库进入民勤盆地,分内河及外河两支,纵贯民勤绿洲腹地,是下游农田灌溉的主要水源。灌溉用水通过渠系、田间,再渗入地下,最后在河流尾闾蒸发损失殆尽。大靖河出山后流入大靖盆地,在灌区消失殆尽。

1.2.4 土壤植被

1.2.4.1 土壤

石羊河地域辽阔,山地与平地对照强烈,位于我国三大自然区(东南季风区、蒙新高原区、青藏高原区)交汇处,自然条件复杂。因此,在土壤形成过程和土壤类型上具有多样性。

土壤类型的分布受经度地带性和垂直地带性的影响显著。山地土壤垂直带谱从东到西、从南到北大概是灰钙土、灰漠土、灰棕漠土。祁连山东段和中段的高山部分以高山草甸土、亚高山草甸土为主,中山地带主要为森林土壤(灰钙土)分布。平原土壤地带主要是温带荒漠灰棕漠土分布。

1.2.4.2 植物区系

本区植被成分的地理来源广泛,主要包括亚洲中部蒙古成分,欧亚北温带成分,中亚地中海成分,东亚成分,特有种、特征种和广布种成分,它们组成了平原和山地森林、灌丛、草原、荒漠、草甸和沼泽等不同的植被类型。

(1)亚洲中部蒙古成分是典型荒漠和草原化荒漠植被的建群者。

(2)欧亚北温带成分是山地森林、灌丛、草原、草甸等植被的重要建群者,主要包括世界温带成分、北温带成分、温带亚洲成分三大部分。

(3)东亚成分以山地成分为主,种类贫乏。

(4)特有种、特征种、广布种标志着植被地理成分的过渡性。前两种在山区分布,广布种在本区分布不多,仅为沼泽、草甸和水中沉水植物等种类。

1.2.4.3 植被分布的地带性规律

河西走廊地区的植被地带性明显,以经向地带、纬向地带、垂直地带构成了“三维空间”的格局,三向性地带的植被特征和分布规律十分明显。

1. 经向地带性

由于气候在水平分布上差异明显,降水量由东到西逐渐减少,气温由东到西逐渐增加,导致了植被的东西差异。根据水热指数,从东到西分别为温带荒漠草原带(半荒漠)、温带荒漠带(干旱荒漠)和暖温带荒漠带(极旱荒漠)三个植被生物气候带类型。

2. 纬向地带性

受南部山体及人类活动的影响,从山麓洪积平原向北,温度递增,降水则逐渐减少,植被分布也相应变化,在河西走廊平原东中部山前洪积扇的上部,出现了狭窄和零星分布的旱生小灌木、禾草荒漠草原类型,以北则是以旱生、超旱生的灌木、小灌木、半灌木荒漠植被类型为主的结构组合。

3. 垂直地带性

在水平地带性的基础上,南部山地随海拔不同而表现出垂直带谱结构的变化。从东部的昌岭山到西部的阿尔金山,降水量逐渐减少,干旱程度渐次加强,分别隶属于半干旱型、干旱型、极端干旱型三种垂直结构类型。

山地垂直带谱除东西不同外,南北方向也有差异,与祁连山中、东段相比,祁连山山体北面的大黄山,山顶缺乏冰川和永久积雪带,大黄山北的东大山(龙首山系)山顶缺乏高山草甸带、冰川和永久积雪带,到了北部的马鬃山,山顶为荒漠草原,缺乏甘草草原带以上的带谱。

1.2.5　生态环境

石羊河流域有高寒草甸、灌丛草甸、森林灌丛、寒温带山地荒漠、温带半荒漠、荒漠及绿洲等生态景观,可分为南部山地生态系统、中部平原荒漠与绿洲生态系统、北部低山及高原生态系统。

南部山地生态系统包括祁连山区冰雪寒冻垫状植被带、高寒草甸、灌丛草甸、森林带及灌丛带,上述各带为本流域水源涵养区及产流区,是全流域的"绿色水库"、走廊的生命线;中部平原荒漠与绿洲生态系统包括山前温带沙质荒漠、半荒漠区,该区内自身不产流,有区外地表径流流入和较丰富的地下水,由于人们长期垦殖和改造,既有原生的荒漠植被、草甸、盐生草甸及沼泽植被,又有人工栽培的植被,形成了特殊的绿洲区,是人类的主要经济活动地区;北部低山及高原生态系统植被以旱生、超旱生、盐生的灌木、半灌木及多年生草本植物为主,植被覆盖度为 5% ~40%,生产能力极低,是石羊河流域的生态脆弱带。

20 世纪 70 年代以来,缺乏科学的水资源开发利用规划和严格的调度管理，伴随着人口的增加和经济利益的驱动，农业灌溉规模持续扩张，中游耗水量逐年递增，进入下游，民勤盆地水量随之减少，中下游用水矛盾日趋尖锐。下游地区为了保障耕地规模扩大后的生产用水，大量开采地下水资源以弥补地表水的不足，年超采地下水量2.96亿 m^3。2006年，全流域年超采地下水4.32亿 m^3。地下水的过度开采，导致地下水位逐年下降，下游地区大面积天然植被和20世纪50年代末种植的沙枣林衰败、枯死，土地沙漠化蔓延。民勤北部濒临腾格里沙漠的部分村落的房屋和耕地被黄沙吞噬，沙进人退，当地农民群众无法生存，远走他乡，沦为"生态难民"。造成民勤生态环境恶化，既有自然条件限制的原因，也有人们无序扩张经济规模的原因。归结起来主要有：一是流域水资源禀赋低，属资源型缺水地区；二是总用水量大，超采严重；三是用水结构不合理，农业灌溉规模偏大，水资源利用效率较低；四是流域水资源开发利用缺乏科学规划，地区之间、行业之间水资源的分配、调度与管理不严格。

1.3 石羊河流域水资源现状

1.3.1 地表水资源量

流域地表水资源量主要产于祁连山区，产流区东西长200 km，南北宽50 km，产流面积1.11万 km^2。自东向西主要由大靖河、古浪河、黄羊河、杂木河、金塔河、西营河、东大河、西大河八条山水河流及多条小沟小河组成。八条山水河流出山口均建有水文站，具有河流水量多年观测资料。各河水量控制站分别为西大河插剑门站、东大河沙沟寺站、西营河九条岭站、金塔河南营水库站、杂木河杂木寺站、黄羊河黄羊水库站、古浪河古浪站、大靖河大靖水库站。

2018年石羊河流域自产地表水资源量16.081亿 m^3，折合径流深39.5 mm。根据1956～2016年共61年系列水文分析，八条河流出山口多年平均天然年径流量13.499亿 m^3，见表1-1。

1.3.2 地下水资源量

地下水资源量指地下含水层有补给来源的动态地下水量，分山丘区和平原区，山丘区地下水资源量包括河川基流补给量、侧向流出量、开采净消耗量等。平原区地下水资源量包括河渠水入渗补给量、田间灌溉水入渗补给量（地表水灌溉、地下水灌溉）、降水及凝结水入渗补给量、散流洪水入渗补给量及侧向流入量等。

表 1-1　石羊河流域各河出山口多年平均径流量　（单位：亿 m^3）

水系名称	西大河	东大河	西营河	金塔河	杂木河	黄羊河	古浪河	大靖河	合计
多年平均径流量	1.598	3.046	3.155	1.314	2.342	1.282	0.647	0.115	13.499

1.3.2.1　平原区地下水资源量

平原区主要包括石羊河流域上游各河流出山口以下的走廊平原区。2016 年石羊河流域平原区总补给量 12.499 1 亿 m^3，地下水资源量 10.844 5 亿 m^3。其中，降水入渗补给量 0.543 9 亿 m^3，山前侧向流入量 1.876 7 亿 m^3，地表水体入渗补给量 8.482 9 亿 m^3（其中河川基流补给量 2.885 8 亿 m^3），井灌回归补给量 1.655 6 亿 m^3。

1.3.2.2　山丘区地下水资源量

2016 年石羊河流域山丘区自产地下水资源量 6.677 9 亿 m^3，其中河川基流补给量 4.747 2 亿 m^3，侧向流出量 1.816 7 亿 m^3，开采净消耗量 0.114 0 亿 m^3。

1.3.2.3　地下水总资源量

2016 年石羊河分区地下水资源总量 12.818 9 亿 m^3，其中山丘区为 6.677 9 亿 m^3，平原区为 10.843 5 亿 m^3，平原区与山丘区地下水资源重复计算量 4.702 5 亿 m^3。

扣除分区地下水与地表水资源量间重复计算量 10.754 9 亿 m^3，石羊河流域地下水纯资源量为 2.064 0 亿 m^3。2016 年石羊河流域地下水资源量见表 1-2。

1.3.3　水资源总量

石羊河流域 2016 年水资源总量为 18.145 0 亿 m^3，与多年均值 15.700 亿 m^3 比较，增加了 15.57%，其中地表水资源量为 16.081 0 亿 m^3，与地表水不重复的地下水资源量 2.064 0 亿 m^3。2016 年石羊河流域水资源总量及主要行政分区水资源总量分别见表 1-3 和表 1-4。

表 1-2　2016 年石羊河流域地下水资源量　　　（单位：亿 m^3）

流域分区	计算面积（km^2）		平原区						
Ⅲ级	总面积	其中平原面积	降水入渗补给量	山前侧向流入量	地表水体入渗补给量		井灌回归补给量	总补给量	地下水资源量
					补给量	其中河川补给量			
石羊河	40 687	26 488	0.543 9	1.816 7	8.482 9	2.885 8	1.655 6	12.499 1	10.843 5

流域分区	山丘区						平原区与山丘区重复计算量	分区地下水资源总量	纯地下水资源量
Ⅲ级	河川基流量	侧向流出量	山前泉水溢出量	潜水蒸发量	开采净消耗量	地下水资源量			
石羊河	4.747 2	1.816 7			0.114 0	6.677 9	4.702 5	12.818 9	2.064 0

表 1-3　2016 年石羊河流域水资源总量

流域分区 / Ⅲ级	计算面积（km^2）	降水量（亿 m^3）	地表水资源量（亿 m^3）	地下水资源量（亿 m^3）	重复计算量（亿 m^3）	水资源总量（亿 m^3）	产水系数	产水模数（万 m^3/km^2）
石羊河	41 600	94.475 0	16.081 0	12.819 0	10.755 0	18.145 0	0.190	4.460

表 1-4　2016 年石羊河流域主要行政分区水资源总量

Ⅱ级行政分区	计算面积（km^2）	降水量（亿 m^3）	地表水资源量（亿 m^3）	地下水资源量（亿 m^3）	重复计算量（亿 m^3）	水资源总量（亿 m^3）	产水系数	产水模数（万 m^3/km^2）
金昌市	7 539	14.404 0	0.490 0	2.226 0	1.873 0	0.842 0	0.060	1.120
武威市	33 238	79.096 0	11.234 0	9.030 0	7.685 0	12.578 0	0.160	3.780

1.3.4　流域供用水量

1.3.4.1　综合用水指标

水资源开发利用程度即毛用水量与水资源总量之比。2016 年全流域水资源开发利用程度为 114.8%。

全流域人均用水量为 453 m³,农田灌溉亩均用水量为 416 m³,万元 GDP 用水量为 372 m³(当年价,下同),万元工业增加值用水量为 64 m³,城镇综合人均生活用水量为 140 L/d(包含公共用水,下同),农村居民人均生活用水量为 44 L/d。石羊河流域综合用水指标见表 1-5。

表 1-5　石羊河流域综合用水指标

流域分区	人均用水量(m^3)	万元 GDP 用水量(m^3)	万元工业增加值用水量(m^3)	农田灌溉亩均用水量(m^3)	人均生活用水量(L/d)		
					城镇	农村	城镇综合
石羊河	453	372	64	416	79	44	140

1.3.4.2　供水量

2016 年石羊河流域总供水量 23.330 4 亿 m³,其中地表水源供水量 15.494 5 亿 m³(蓄水工程 11.126 7 亿 m³、引水工程 1.468 1 亿 m³、提水工程 0.396 0 亿 m³、跨流域调水 2.503 7 亿 m³),占 66.41%;地下水供水量 7.481 7 亿 m³,占 32.07%;其他水源供水量 0.354 2 亿 m³(污水处理回用 0.307 3 亿 m³、雨水利用 0.046 9 亿 m³),占 1.52%。2016 年石羊河流域供水量见表 1-6。

表 1-6　2016 年石羊河流域供水量　(单位:亿 m³)

流域分区	地表水源供水量					地下水	其他水源	合计
	蓄水	引水	提水	跨流域调水	小计			
石羊河	11.126 7	1.468 1	0.396 0	2.503 7	15.494 5	7.481 7	0.354 2	23.330 4

1.3.4.3　用水量

2016 年石羊河流域总用水量 23.330 4 亿 m³,按用水行业分,农田灌溉用水量 18.797 6 亿 m³,占 80.57%;林牧渔畜用水量 1.325 8 亿 m³,占 5.68%;工业用水量 1.898 8 亿 m³,占 8.14%;城镇公共用水量 0.216 6 亿 m³,占 0.93%;居民生活用水量 0.481 2 亿 m³,占 2.06%;生态环境用水量 0.610 4 亿 m³,占 2.62%。2016 年石羊河流域用水量见表 1-7。

表 1-7　2016 年石羊河流域用水量　(单位:亿 m³)

流域分区	农田灌溉	林牧渔畜	工业	城镇公共	居民生活	生态环境	合计
石羊河	18.797 6	1.325 8	1.898 8	0.216 6	0.481 2	0.610 4	23.330 4

1.3.4.4 耗水量

2016 年石羊河流域总耗水量为 16.047 9 亿 m^3,综合耗水率为 68.8%。按用水行业分,农田灌溉耗水量 13.663 3 亿 m^3,耗水率为 74%;林牧渔耗水量 0.667 7 亿 m^3,耗水率为 67%;牲畜耗水量 0.316 0 亿 m^3,耗水率为 96%。工业耗水量 0.614 0 亿 m^3,其中火(核)电工业耗水量 0.032 0 亿 m^3,耗水率为 40%;一般工业耗水量 0.582 0 亿 m^3,耗水率为 32%。城镇公共耗水量 0.105 1 亿 m^3,其中建筑业耗水量 0.003 4 亿 m^3,耗水率 72%;服务业耗水量 0.101 7 亿 m^3,耗水率 48%。居民生活耗水量 0.294 7 亿 m^3,其中城镇居民生活耗水量 0.100 3 亿 m^3,耗水率 36%;农村居民生活耗水量 0.194 4 亿 m^3,耗水率 96%。生态环境耗水量 0.387 1 亿 m^3,其中城镇环境耗水量 0.148 8 亿 m^3,耗水 72%;农村生态耗水量 0.238 3 亿 m^3,耗水率 59%。2016 年石羊河流域耗水量见表 1-8。

表 1-8 2016 年石羊河流域耗水量 (单位:亿 m^3)

流域分区	农田灌溉耗水量						林牧渔畜耗水量				工业耗水量			
	水田		水浇地		菜田		林牧渔灌溉及补水		牲畜		火(核)电		一般工业	
Ⅲ级	耗水率(%)	耗水量	耗水率(%)	耗水量	耗水率(%)	耗水量	耗水率(%)	耗水量	耗水率(%)	耗水量	耗水率(%)	耗水量	耗水率(%)	耗水量
石羊河			72.0	11.213 1	76.0	2.450 2	67.0	0.667 7	96.0	0.316 0	40.0	0.032 0	32.0	0.582 0

流域分区	城镇公共耗水量				居民生活耗水量				生态环境耗水量				总耗水量	
	建筑业		服务业		城镇		农村		城镇环境		农村生态			
Ⅲ级	耗水率(%)	耗水量	耗水率(%)	耗水量	耗水率(%)	耗水量	耗水率(%)	耗水量	耗水率(%)	耗水量	耗水率(%)	耗水量	耗水率(%)	耗水量
石羊河	72.0	0.003 4	48.0	0.101 7	36.0	0.100 3	96.0	0.194 4	72.0	0.148 8	59.0	0.238 3	68.8	16.047 9

1.3.5 流域水利工程建设

石羊河流域现有水库 21 座,按水库类型分为山丘区水库 14 座,平原水库 7 座;按工程任务分为防洪水库 2 座,供水水库 2 座,灌溉水库 17 座。

供水泵站工程 11 处,其中小(1)型 9 座,小(2)型 2 座,主要是景电二期多级泵站及金昌市工业企业所在泵站。

石羊河流域有引调水工程 2 个，分别为引硫济金工程和景电二期调水工程，其中引硫济金工程为自流式引调水方式，工程任务为生活供水、灌溉供水，2003 年 5 月建成，工程等别为Ⅲ等，设计引水流量 7.50 m^3/s，设计年引水量 4 000万 m^3，设计灌溉面积 5.50 万亩❶，输水干线总长 8.87 km，输水干线上有水闸 1 座。从大通河流域永安河调入石羊河流域，工程范围输水线路区涉及青海省海北洲（门源回族自治县）、张掖市（山丹县）、金昌市（永昌县、金川区）。

景电二期调水工程为提水式引调水方式，工程任务为灌溉供水，1987 年 10 月通水，工程等别为Ⅱ等，设计引水流量 18.0 m^3/s，设计年引水量 2.66 亿 m^3，设计灌溉面积 52.05 万亩，输水干线总长 260.00 km，输水干线上有水闸 63 个，输水干线上泵站 30 处，输水干线上渡槽 36 个。为缓解民勤水资源枯竭、土地沙化、生态环境恶化趋势，景电二期调水工程延伸向民勤调水，2000 年 9 月建成，设计引水流量 6.0 m^3/s，设计年引水量 6 100 万 m^3，二期调水工程及民调工程范围输水线路区涉及景泰县、古浪县、凉州区、民勤县。

2 000 人以上及供水量大于 200 m^3/d 的农村供水工程共计 100 处，其中引用地表水工程 31 处，地下水取水井工程 69 处，设计供水人口 128.5 万人。

规模以上（取水流量≥1 m^3/s）河湖取水口 43 处，取水流量 346.25 m^3/s。其中，古浪县 6 处，取水流量 8.70 m^3/s；凉州区 12 处，取水流量 116.5 m^3/s；民勤县 2 处，取水流量 114 m^3/s；肃南裕固族自治县 9 处，取水流量 6.25 m^3/s；天祝藏族自治县 10 处，取水流量 2.3 m^3/s；永昌县 4 处，取水流量 98.5 m^3/s。

1.3.6　流域内灌区分布

石羊河流域内灌区分布密集，类型俱全。其中西河、东河、西营河、杂木河、红崖山等灌区为大型水库灌区；金川、金塔河、黄羊河、古浪河、清源、金羊、永昌等灌区为中型灌区；大靖河灌区属于小型灌区，以及其他一些中小型灌区。

按照行政区域分：武威市：大型水库灌区 3 个，西营河、杂木河、红崖山等灌区；中型灌区 10 个，金塔河、黄羊河、古浪河、清源、金羊、永昌、环河、昌宁、古浪河、金强等灌区；小型灌区 3 个，大靖河、古丰、安远等灌区。金昌市：大型水库灌区 2 个，西河、东河等灌区；中型灌区 4 个，金川（金川区）、四坝、清河、金川（永昌县）等灌区。石羊河流域灌区统计见表 1-9。

---

❶　1 亩 = 666.67 m^2。

表 1-9　石羊河流域灌区统计

县(区)	灌区名称	实灌面积（万亩）	灌区类型	主要水源	备注
凉州区	西营河灌区	38.0	山水灌区	西营河地表水	
	金塔河灌区	14.6	山水灌区	金塔河地表水	
	杂木河灌区	31.51	山水灌区	杂木河地表水	
	黄羊河灌区	23.07	山水灌区	黄羊河地表水	
	张义灌区	3.91	山水灌区	哈溪河地表水	
	清源灌区	17.82	井泉灌区	地下水	
	永昌灌区	13.47	井泉灌区	地下水	
	金羊灌区	9.36	井泉灌区	地下水	
民勤县	红崖山灌区	89.56	井泉混合灌区	石羊河地表水、地下水	
	环河灌区	8.25	井泉灌区	地下水	
	昌宁灌区	9.67	井泉灌区	地下水	
古浪县	大靖河灌区	3.70	井泉混合灌区	大靖河地表水	
	古浪河灌区	17.13	山水灌区	古浪河地表水	
	古丰灌区	2.85	山水灌区	古浪河地表水	
天祝县	安远灌区	1.07	山水灌区	哈溪河地表水	
	金强灌区	4.86	山水灌区	金强河地表水	
金川区	金川灌区	13.3	井泉混合灌区	金川河地表水、地下水	
永昌县	西河灌区	23.5	山水灌区	西大河地表水	
	东河灌区	22.42	山水灌区	东大河地表水	
	四坝灌区	11.65	井泉灌区	地下水	
	清河灌区	20.08	井泉灌区	地下水	
	金川灌区	4.68	井泉混合灌区	金川河地表水、地下水	

石羊河流域各主要灌区类型为纯井灌区、山水灌区和井泉混合灌区。纯井灌区，当有灌溉需求时，全部抽取地下水以满足灌溉用水定额。渠灌区，地表水完全满足灌溉需求，由上一级渠口下放所需灌溉定额，渠道水量损失由渠道管理处承担。井渠混灌区，当地表水基本满足灌溉需求时，优先使用地表水；当地表水不能满足用水需求时，优先核定地表水用水指标，缺额部分核定地下水指标。石羊河流域灌区分布情况见图1-4。

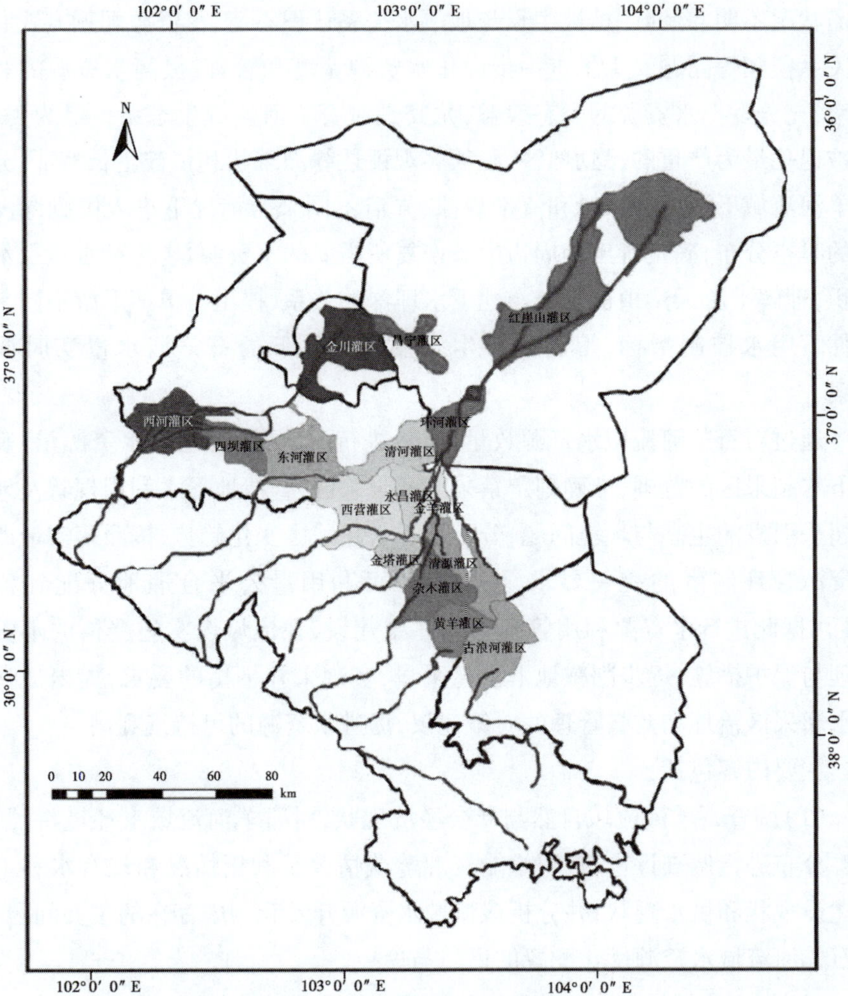

图1-4　石羊河流域灌区分布图

1.4 研究内容

目前,通过石羊河流域近期治理工作,六河水系中游武威盆地通过各种节水措施,降低了水资源利用量,从而使进入下游民勤盆地绿洲区的过水量明显增加,有效缓解了民勤绿洲进一步恶化的趋势。然而在实际调度工作中,对重点治理规划没有涉及的昌宁盆地、大靖盆地、邓马营湖等区域,还存在水资源供需状况不明、绿洲区植被生长与地下水关系认识不清、水资源配置方式和空间关系模糊等问题。为了进一步深化水资源调度和管理,提高水资源的利用效率,充分发挥水资源的生态效益,尤其是对石羊河流域生态系统最为脆弱、植被退化最为严重的民勤地区,亟须客观评述绿洲现状和植被生长特征,分析石羊河流域下游入境水量和流量规律,弄清不同来水情况下进入民勤绿洲水量的时空分布,确定青土湖周边生态恢复所需要的水资源量、年补水量及水面面积,理解下游天然植被生长与地下水埋深的关系,提出石羊河下游不同来水条件下用水控制指标,编制基于生态控制条件下的石羊河水量实时调度方案。

通过对石羊河流域水资源数量、质量进行调查,评价地表水资源量,确定地下水超采区的范围,准确划定禁采区和限采区,查清地下水利用现状及地下水超采引发的生态与环境问题,分析地下水超采区变化趋势;按照落实最严格水资源管理制度的有关要求,把水资源可利用量公平合理地分配到各市(县),据此进行水资源利用管理指标体系建设,在流域内实施严格的水资源管理与保护措施,逐步削减地下水超采量,实现采补平衡的要求,提出加强地下水超采区治理和监督管理的对策建议,促进水资源的可持续利用。

主要内容包括:

(1)调查石羊河流域自然与社会经济现状,对石羊河流域水环境特征、水资源分布进行调查评价,查明水能资源蕴藏情况及利用情况和现有水利工程的建设现状和供水现状,并分析该流域水资源开发利用中存在的主要问题,探索石羊河流域水资源优化配置的措施与途径。

(2)划定流域地下水功能区,确定地下水超采区的范围,准确划定禁采区和限采区,查清地下水超采现状及地下水超采引发的生态与环境地质问题,掌握地下水超采区变化趋势。

(3)摸清流域灌溉水利用系数,分析影响灌溉效率的主要因素,确定流域水资源配置、节约、保护和管理的分阶段目标,提出流域水资源合理配置方案建议。

第 2 章　石羊河流域水环境质量评价

2.1　我国主要存在的水环境问题

我国的社会经济发展,特别是进入 21 世纪以来所取得的成就世界瞩目,人民生活水平与物质条件不断提高,发生了巨大的变化。我国地处中纬度,是一个面临水多了(洪水灾害)、水少了(干旱缺水)、水脏了(水环境及生态环境受损)等水问题严峻挑战的发展中国家。我国人口已达到 14 亿,到 2050 年,预计将达到 16 亿。在发展经济的同时,人们不得不面临严重的水环境污染问题,以及它对生态环境的破坏和对社会经济发展带来的严重危害。在很多地方,水环境质量问题达到了严重的程度,成为制约我国可持续发展的一个重要因素。

监测分析表明,我国各大江河流域的生态系统也正在发生变化,沿长江的著名湖泊正在加快萎缩,水体富营养化问题较为突出。20 世纪 50 年代初期,全国有大小天然湖泊 24 880 个,总面积达 83 400 km^2,其中面积大于 1 km^2 的湖泊 2 848 个,面积为 80 645 km^2。至 20 世纪 90 年代初,全国大于 1 km^2 以上的湖泊消失了 543 个,湖泊面积减少了 9 657 km^2,至 21 世纪初,水环境质量随着工业化的进一步发展,水环境问题显得尤为突出。湖泊环境变化除了湖泊面积、水量等,主要问题集中在水环境质量上,如干旱和半干旱的湖水盐碱化,另外是水质污染和富营养化。太湖中富营养化面积占全湖 70% 以上,富营养及重富营养化面积占 10%。20 世纪 90 年代后,每年夏秋季均发生"水华"问题,藻类数量 10 年增加 5 倍,1991～2004 年的 14 年间即上升了一个营养级别,发展趋势以近些年尤为明显。我国北方五省(区)及海河流域的地下水资源质量状况,也十分令人担忧。"十三五"期间《中国水资源质量评价》表明:这些省(区)和流域地下水资源均遭到不同程度的污染。污染严重的 V 类水占总量的比例接近 35%。水环境问题已经影响到中国社会经济的健康发展,到了必须下决心整治的阶段。走可持续发展道路被列为我国跨世纪的重大发展战略之一。

2.2　水环境质量评价存在的问题

目前,国内外关于什么是可持续发展问题和可持续水资源管理的定义已被接受和理解。不过,可持续发展问题的研究大都还停留在概念的提法或者定性分析上,缺乏量化和针对可持续发展与水资源管理的技术规范和工具。只有通过定量化的手段阐明协调发展的具体方法和途径,才能使可持续发展具有可操作性。近几年,国际上许多专家学者呼吁要大力开展这个问题的研究。发展量化技术、研究水环境保护与社会经济可持续发展的时代已经到来。应该使规划和决策者按满足可持续发展准则这种方式来设计、规划和管理21世纪的水资源问题。而区域水环境质量评价是水资源保护的一项基础性工作,是可持续发展与水量水质统一管理量化研究中的一个重要部分。地表水环境质量评价包括随时间和空间变化的江河湖库水体质量评价、水体底泥质量评价、水生生物质量评价、湖泊和水库水体富营养化评价,以及由它们形成的整体水环境系统的环境质量综合评价。显然,为了获得客观和有效的评价,必须有可靠的资料和科学的方法,二者缺一不可。然而,目前研究的现状还未令人满意,除了需要进一步加强水体质量的监测,利用新技术获取更多的水环境信息等问题研究,加强对水环境质量评价方法的研究,也是一个十分紧迫的任务。主要原因是:

(1)迄今没有一个被大家公认通用的、具有可比性的水环境质量评价数学模型。当在各地区、各部门进行水质评价时,选用数学模型的任意性很强,常常不能反映本地污染状态,也不便于与其他地区水质状况进行比较。

(2)过去多限于单级环境因子和确定性假定的评价方法论,而缺乏对多级环境因子复杂的环境结构和不确定性干扰(资料的非精确性和系统信息不完全等)的评价方法研究。

(3)评价系统各因子权重的确定正确与否,对水环境质量评价的结论有比较大的影响。由于因子间的相互影响与关联,在多因子综合评价中,尤其是对人类活动比较敏感的地表水环境质量评价问题,确定其各环境因子的权重仍存在任意性,缺乏比较客观确定环境因子权重的量化方法。

《21世纪议程》指出,水污染严重和水资源短缺已成为中国水资源持续利用的两大障碍。我国地域复杂,水资源和水环境问题较多。针对水资源保护的区域水环境质量评价量化方法与应用实例研究,对促进我国水资源可持续利用与环境保护,有着重要的理论价值与现实意义。

2.3　水环境质量评价标准

水环境质量评价标准是整个评价工作的依据。它是由国家有关部门授权颁布的国家标准和部门行业标准。例如,《地表水环境质量标准》(GB 3838—2002),《生活饮用水卫生标准》(GB 5749—2006),《地下水质量标准》(GB/T 14848—2017)等。

在实际工作中,往往很多方面尚缺乏国家颁布的环境质量标准。例如,水体富营养化的评价标准等。这就需要参考我国行业部门长期应用的标准和工程实际中可引用的研究成果。下面对地表水环境质量评价标准、底泥质量评价标准、水生生物质量评价标准、水体富营养化评价标准等,分别做必要的论述。

2.3.1　地表水环境质量评价标准

过去开展地表水环境质量评价大多仅限于水质评价而未能综合考虑底泥、水生生物及河湖水量变化等因素,具有一定的局限性。实际上,广义的水环境质量评价系统涉及内容应该包括水体水质、底泥、水生生物,以及水体富营养化等多因素的评价。开展水环境质量评价不仅要有可靠的监测资料和科学的评价方法,而且要有水环境质量评价标准这一重要依据。它同时也是国家和地方水环境规划的目标和方向,是水环境管理的基础。从水环境质量体系的概念及组成看,目前仅有国家地表水环境质量标准,还存在着制定和选择底泥质量标准、水生生物质量标准、水环境富营养化评价标准,以及将它们结合到地表水环境质量标准的选择与分析等问题。因此,有必要对这些标准问题进行探讨,为全面地开展水环境质量评价提供更为科学的决策依据。

地表水体质量是地表水环境系统中的一个最重要部分。目前的主要依据是国家颁布的《地表水环境质量标准》(GB 3838—2002)。较过去水质标准有所不同,它按水域功能分类,更合乎针对不同目标和环境保护的需要。在该标准中,水质级别按照地表水水域使用的目的和保护目标,被划分为5类。在河流、湖泊或水库的水质评价中,应选定统一的标准来度量,使评价结果具有可比性。

当然,在5类等级中,同一类别的水质标度并非唯一,而呈区间值变化。例如,Ⅱ类水体的5日生化需氧BOD_5指标量大于3而小于4(mg/dm^3),而Ⅲ类水体的BOD_5指标量大于4而小于5。为了提高在同一类水质标准中不同水体质量之间的可比性和反映实际存在的差异,可采用提高分辨率的区间内插方法,将 5 类水质等级再细分,如分别为 1.1 级、1.2 级、1.3 级等,这里分辨率取 0.1。进一步配合新的水质评价方法就能够得到更精确的评价结果,为环境保护提供更丰富的信息。

内插方法既可采用线性内插,也可采用非线性内插。《地表水环境质量标准》(GB 3838—2002)中环境因子达 30 个,可根据实际监测合理选择。常用的有:

(1)耗氧有机物及氧平衡指标类,如溶解氧(DO)、高锰酸盐指数(COD_{Mn})、氨氮(NH_3-N)等;

(2)有毒及累积物质类,如挥发酚、氰化物(CN^-)、砷(As)、铬(Cr^{6+})、汞(Hg)、镉(Cd)等;

(3)天然水体化学综合指标类,如酸碱度(pH 值)、总硬度等,以及根据本地区水环境使用功能及污染特点选定的附加项,如高氟地区河流水质评价应考虑氟化物等。

本书模糊隶属度的计算依据《地表水环境质量标准》(GB 3838—2002)。该标准中水质的评价等级分为五类,分别是Ⅰ类、Ⅱ类、Ⅲ类、Ⅳ类、Ⅴ类。溶解氧、化学需氧量、氨氮、总磷、氟化物 5 种评价因子的水质标准如表 2-1 所示。

表 2-1　地表水环境质量标准各评价指标标准值　(单位:mg/L)

序号	指标	Ⅰ类	Ⅱ类	Ⅲ类	Ⅳ类	Ⅴ类
1	溶解氧	7.5	6	5	3	2
2	化学需氧量	15	15	20	30	40
3	氨氮	0.15	0.5	1.0	1.5	2.0
4	总磷	0.01	0.1	0.2	0.3	0.4
5	氟化物	1.0	1.0	1.0	1.5	1.5

2.3.2　底泥质量评价标准

底泥是地表水体环境系统的主要组成部分之一。水体的污染物在物理和化学等作用下,通过吸附、絮凝、沉降,可以与水相中的沙石一起沉淀在底泥中。这一复杂过程会使水相中的污染物浓度降低,可使底泥中污染物的含量在累积过程中达到相当可观的数值。因此,底泥是水体污染物重要的归宿之一,常被人们称为“指示剂”。

在实际工作中,可以用污染指数对底泥质量污染级别进行分类,按式(2-1)计算：

$$P_i = \frac{C_i}{C_s} \tag{2-1}$$

式中 C_i——某污染物的实测值，mg/dm^3；

C_s——某污染物的对照值，mg/dm^3。

依 P_i 或其平均值$\overline{p}_i$将底泥质量划分为5类，与水体质量标准相统一，见表2-2。这里，为了提高同一类底泥标准中不同底泥质量之间的可比性，同样可以选择一样的分辨率 ε，以保持评价等级的一致性。这一方法同样适用于水环境生态质量标准。

表2-2 底泥质量的标准

标准级别	Cd		Pb		Cu		As		Hg	
	平均值	标准差	平均值	标准差	平均值	标准差	平均值	标准差	平均值	标准差
Ⅰ	1.5	1.34	60.0	33.6	25.0	10.0	21.0	15.5	0.1	0.043
Ⅱ	3.0	2.7	110.0	61.6	45.0	18.0	41.0	30.0	0.2	0.086
Ⅲ	7.0	6.2	350.0	196.0	150.0	60.0	160.0	118.4	0.05	0.215

底泥污染指数法分类如表2-3所示。

表2-3 底泥污染指数法分类

$\overline{p}_i$ 分值	$0 \leqslant \overline{p}_i < 1.0$	$1.0 \leqslant \overline{p}_i < 2.0$	$2.0 \leqslant \overline{p}_i < 3.0$	$3.0 \leqslant \overline{p}_i < 4.0$	$4.0 \leqslant \overline{p}_i \leqslant 5.0$
级别	Ⅰ	Ⅱ	Ⅲ	Ⅳ	Ⅴ

2.3.3 水生生物质量评价标准

水体中的水生生物与水环境有着密切的关系。进入水体的各种物质都直接或间接地影响生活在该环境中的生物，产生一系列的生物效应，这种效应在生态系统、群落、种群、个体等中均有体现。如果条件允许，应采用多参数方法对水环境生态质量进行描述。

具体可以根据下述5种方法对其进行评价分析。

2.3.3.1　底栖动物的群落结构参数(D_j)

未受过污染的自然状态下的水体,生物种类多样,数目协调;受到污染的水体,则生物种类减少,特有种的个体异常增多,群落结构趋向简单。生物的多样性一般用香农－维纳(Shannon-Wiener)指数 d 来反映,即按式(2-2)计算:

$$d_j = -\sum_{i=1}^{S} \frac{n_i}{N} \log_2 \frac{n_i}{N} \tag{2-2}$$

式中　d_j——j 断面香农－维纳指数;

S——种类数;

N——个体总数;

n_i——第 i 种的个体数。

为使取值符合生态质量评价要求,底栖动物的群落结构参数D_j为香农指数的倒数,是底栖动物的群落结构参数,按式(2-3)计算:

$$D_j = \frac{1}{d_j} \tag{2-3}$$

2.3.3.2　残毒系数 Q_j

水体中生物富集毒物的基本途径为:污染物—饵料生物—鱼类。通过鱼类残毒分析可以看出造成水质污染的原因及生物链对毒物的富集程度。残毒系数可以反映在不同河段(地点)生态系统的污染强度,按式(2-4)计算:

$$Q_j = \sum_{i=1}^{S} \frac{A_{ji}}{\min_{ji}} \tag{2-4}$$

式中　Q_j——j 河段的残毒系数;

S——参与评价的污染物种类数;

A_{ji}——j 河段 i 毒物的实测值;

$\min_{ji}$——对照点或最小值。

2.3.3.3　腐生生物量比率 F_j

F_j 是以有机物残渣为食的、营异养生活的细菌微生物的生物量的相对值,其数量与有机污染、生活污染均有极密切的关系。按式(2-5)计算:

$$F_j = \frac{G_j}{\overline{G}} \tag{2-5}$$

式中　G_j——j 断面细菌微生物量;

$\overline{G}$——各断面细菌生物量均值。

2.3.3.4 细菌密度系数 A_j

细菌个体数量在一般情况下是反映水体有机污染程度相当敏感的指标。有机污染轻，细菌个体数量少；有机污染重，细菌个体数量则多，反映水体由自养型向异养型转化。细菌密度系数按式(2-6)计算：

$$A_j = \frac{C_j}{\overline{C}} \tag{2-6}$$

式中 A_j——断面细菌密度系数；

C_j——j 断面细菌密度；

$\overline{C}$——各断面细菌密度均值。

2.3.3.5 腐生系数 S_j

一般选用浮游藻类代表自养生物，用细菌总数代表异养生物。在单位水体中，如果营腐食生活的细菌微生物的数量大于营自养生活的植物藻类，则认为该水体在相当程度上属异养水体，是受到污染的一个重要指标，可用腐生系数表示，按式(2-7)计算：

$$S_j = \frac{C_j}{B_j} \tag{2-7}$$

式中 S_j——j 断面的腐生系数；

C_j——j 断面细菌总数；

B_j——j 断面浮游藻类密度。

有了上述 5 个参数，求其模数可标度水环境生态质量，即可按式(2-8)计算：

$$E_i = (D_j^2 + Q_j^2 + F_j^2 + A_j^2 + S_j^2)^{1/2} \tag{2-8}$$

由此，本书给出了水环境生态质量评价的 5 类标准，列入表 2-4 供参考。

表 2-4 生态质量及等级划分

E 值	$0<E<1$	$1\leqslant E<3$	$3\leqslant E<4$	$4\leqslant E<5$	$E\geqslant 5$
生态质量等级	Ⅰ（优）	Ⅱ（良）	Ⅲ（轻污）	Ⅳ（中污）	Ⅴ（重污）

在实际工作中，如果缺乏一些资料和参数，也可采用香农－维纳指数或其倒数对生态质量进行评价，与水体质量 5 类标准相统一的一种基于 D_j 的划分，列入表 2-5。

表 2-5　底栖动物多样性指数及其结构参数的生态环境质量的等级

多样性指数 d_j	$d_j > 5$	$3 < d_j \leqslant 5$	$2 < d_j \leqslant 3$	$1 < d_j \leqslant 2$	$0 < d_j \leqslant 1$
底栖动物群落结构参数 D_j	$D_j < 1/5$	$1/5 \leqslant D_j < 1/3$	$1/3 \leqslant D_j < 1/2$	$1/2 \leqslant D_j < 1$	$D_j \geqslant 1$
生态质量等级	Ⅰ（清水）	Ⅱ（清洁水）	Ⅲ（轻污）	Ⅳ（中污）	Ⅴ（重污）

2.3.4　水体富营养化评价标准

对于湖泊、水库等具有较小流动性的地表水体，当磷、氮等营养物质大量流入水体，就会使其初级生产力居高不下，在适宜的温度等条件下会使得水体藻类大量繁殖，导致水体富营养化，形成所谓“水华”现象。其水质恶化的突出表现通常有以下几个方面：

（1）水体蓝藻、绿藻大量繁殖，浮游植物个数剧增。由此还会引发深层溶解氧降低，底部沉积物附近形成还原态，引起一系列严重后果，如有机物无机化不完全，会产生甲烷气体；在底泥附近形成硫化铁、底质中的磷溶出等现象，从而影响水体水质。

（2）水中悬浮物（浮游生物、细菌等）增加，透明度减低。

（3）当富营养化比较严重时，会频发“水华”，即在水体表面漂浮大量藻类（如蓝藻）的“水华”层，这些“水华”层腐败分解后，发出恶臭，严重破坏湖泊、水库等水体功能及周围环境。

对于上述各项评价因子的标准，国内外学者提出了许多标准。其中，舒金华提出的水体富营养化评分和分级标准具有一定的代表性。他将富营养化程度分成 10 个标准等级，并分别赋予各参数相应的评分值，以表明富营养化程度的高低。在实际评价工作中，为了与所用的水环境质量评价标准相一致（如分为 5 级），可以通过归纳提取对标准中的各等级营养程度赋予级别参数，如贫营养为 1 级，中营养为 2 级，……，重富营养为 5 级等。富营养化评价的 5 级标准见表 2-6。

需要指出，水环境质量评价标准的确定是一项严肃的工作。目前，在国家尚未颁布底泥质量标准、水生生物质量标准和水体富营养化评价标准的情况下，应当进行多种途径的分析，选择适合的标准和统一级别的划分，以保证水环境质量评价工作的顺利进行。

表 2-6　水体富营养化级别的评价标准

级别	营养程度	透明度 (m)	叶绿素 a (mg/m^3)	总磷 (mg/dm^3)	总氮 (mg/dm^3)	COD_{Mn} (mg/dm^3)
1	贫营养	10.0	1.0	2.5	0.03	0.30
2	中营养	1.5	4.0	25.0	0.30	2.0
3	中富营养	1.0	10.0	50.0	0.50	4.0
4	富营养	0.4	65.0	200.0	2.00	10.0
5	重富营养	0.2	160.0	600.0	6.00	25.0

2.4　水环境质量评价方法

国内外学者对水环境质量评价的研究主要侧重于评价方法及指标权重赋值方法的研究，王丽娟等探讨了指数法、模糊数学法、BP 神经网络法、地理信息系统等不同方法对水环境质量评价结果的影响。梁增强等研究了基于熵权法对权重赋值的综合水质标识指数法，并对海河水环境质量进行评价，评价结果与传统单因子评价方法对比，更为客观和合理。

通过水环境质量评价，能够从时间和空间上得出各污染因子的变化特征。水环境质量评价按评价时间可分为水环境质量现状评价、水环境质量回顾性评价，以及水环境质量的预测。

水环境质量评价方法有传统物元法、指数评价法、灰色关联分析法、模糊综合评价法、人工神经网络法、主成分因子法、GIS 法等。

2.4.1　指数评价法

指数评价法分为单因子指数评价法、综合指数评价法。其中，单因子指数评价法是利用污染因子实测值与标准值的比值来评价的。如式(2-9)所示：

$$S_i = \frac{C_i}{I_i} \tag{2-9}$$

式中 S_i——评价指数；

C_i——第 i 种污染因子实际监测值；

I_i——第 i 种污染因子标准值。

当 $S_i \leqslant 1$ 时，表明该污染因子未超标，水质未污染；当 $S_i > 1$ 时，表明水质污染。

综合指数评价法是对水环境中所有影响因子做出评价，利用专家咨询或层次分析法获得各评价因子的权重，计算出综合指数值的方法，包括平均污染指数法、内梅罗指数法等。如式(2-10)所示：

$$I = \sqrt{\frac{I_{\max} + \left(\frac{1}{n}\sum_{i=1}^{n} I_i\right)^2}{2}} \tag{2-10}$$

式中 I——综合水质指数值；

$I_{\max}$——污染物指数最大值；

$\frac{1}{n}\sum_{i=1}^{n} I_i$——污染指数平均值。

单因子指数评价法过于主观，仅突出单因子对河流水环境的影响，没有考虑多个因子的共同作用对流域水环境的影响，容易导致对河流水质评价结果的以偏概全。综合指数评价法精确度较低，仅适用于水质评价精度要求不高的情况。平均污染指数法适用于各评价指标值近似的水质评价，内梅罗综合指数法过分突出污染指数最大的污染物对环境质量的影响和作用，在评价时可能会人为地夸大或缩小一些因子的影响作用，使其对环境质量评价的灵敏性不够高。在此处，为了与其他评价方法形成一个对比，可选用单因子指数评价法作为对比方法。

2.4.2 模糊综合评价法

20 世纪 80 年代开始将模糊综合评价法(Fuzzy Comprehensive Evaluation Method)应用到海水水质评价和水体营养化的评价中，它是一种以模糊数学为理论基础的综合评价方法。该方法考虑了水质评价中的不确定性和复杂性，将水环境影响因子的实测数据建立多级隶属度集，生成隶属矩阵，通过隶属函数将水质数据进行标准化处理，利用因子的贡献值确定权重，给出隶属函数，使用加权距离或海明距离法进行模糊评价。目前，权重赋值的方法有超标指数法、专家咨询法、层次分析法(AHP)、熵权法等。

模糊综合评价法权重的赋值是主要环节,权重赋值方法有传统的超标倍数法,有目前广泛应用的层次分析法、熵权法等,赋值方法的不同会对评价结果造成一定的差异。通过模糊综合评价法对水质进行评价,能够得出水质综合等级范围,并可对水质状况量化。刘聚涛等利用模糊综合评价法对滇池水环境质量进行评价,评价结果显示,利用超标倍数法对权重赋值的评价结果更为合理;熵权法对权重赋值的评价结果较差。张泰然等利用模糊综合评价法对青海省黑河水环境质量评价显示,模糊综合评价法更适合对水环境质量较好的水质进行评价。

2.4.3 其他水环境评价法

人工神经网络法是大脑的简化模型,其原理是通过网络连接建立的一种模仿生物神经网络结构和特征的人工神经元。它对数据处理的性能更高,对水环境的评价更具有客观性,但是 BP 神经网络拥有仅适用于协同性较好的水质数据的局限性,对协同性差的水质评价结果容易出现均化现象。

由于水环境质量标准的临界限是不确定的,应用灰色关联法可以避免在临界值附近实测数据的变化对评价结果的影响,它的弊端在于没有考虑每个污染因子的权重,无法确定主要的污染物,不能全面掌握水环境存在的问题。

物元可拓法可以从定性和定量两个方面探讨问题,可以用于指定决策和进行综合评价,可以解决模糊不相容的问题,适用于涉及多种影响因素的综合评价,其在水质评价的应用中可以将水质数据矩阵进行标准化处理,将污染物的不确定性和模糊性进行定量化分析,全面反映水质状态。

水环境现状评价方法主要是指针对不同的水域环境,通过搜集各个水域相应的具体数据参数,如水质参数、水流径流量参数等,进行分析,并采取最为合适的方式方法进行科学计算以及评价分析,从而得出相应的评价结果。其能对相关水域的水环境现状及质量情况进行更为科学的数据分析及展示,从而为相关的环保部门及人们提供更为直观的数据参考。

为了更加科学准确地帮助相关部门及时掌握水环境质量现状,发掘水污染现象产生的主要原因,采用合理的评价方法对水环境现状进行分析,显得尤为重要。

综上所述,针对石羊河流域具体的水环境情况,综合比较选用模糊综合评价法与单因子指数评价法相结合的方法。

2.5　水环境质量调查

2.5.1　调查方法

(1)对流域重要监测断面进行采样监测,补充缺失的数据并对统计的基础数据进行分析验证,实地走访石羊河流域各干支流,调查监测点位分布,收集监测断面数据。

(2)查阅石羊河流域城市统计年鉴、环境统计年鉴、环境监测报告等,并与相关部门联系协调,掌握流域内主要监测断面数据,得到石羊河流域各断面各监测因子的部分基础数据。

2.5.2　调查内容

调查获取石羊河流域10个监测断面中5种污染因子,分别为溶解氧、化学需氧量、氨氮、总磷、氟化物。

2.5.3　调查时段

以2018年为基准年,兼顾2014~2017年的水质监测数据。

2.5.4　调查结果与分析

对照各监测断面监测指标的数值,利用Origin绘出各监测因子的箱线图,直观地反映出近5年各监测断面污染因子浓度中值、浓度方位、数据分布的形状等,直观地反映污染因子分布状况和特殊极值的范围。污染因子浓度中值代表了水质的平均状况,以《地表水环境质量标准》(GB 3838—2002)为依据,分析10个监测断面水环境质量状况,利用箱线图直观地表示出各断面不同污染因子的浓度分布状况,具体如图2-1~图2-5所示。

由图2-1可知,各断面溶解氧浓度较高,均达到国家地表水环境质量Ⅰ类要求,且各河段近5年在该项指标层面均保持基本稳定。

由图2-2可知,各监测断面化学需氧量浓度绝大多数处于Ⅰ类水与Ⅱ类水范围中。其中,四坝桥监测断面、蔡旗监测断面的化学需氧量浓度较高,长期处于Ⅲ类水环境状态,水污染情况较为严重。其他断面如九条岭、黄羊河水库、红水河、皇城水库、西大河水库、金川峡水库以及杂木寺等化学需氧量浓度基本都处于Ⅰ类水环境状态,河流水质状态较为健康。

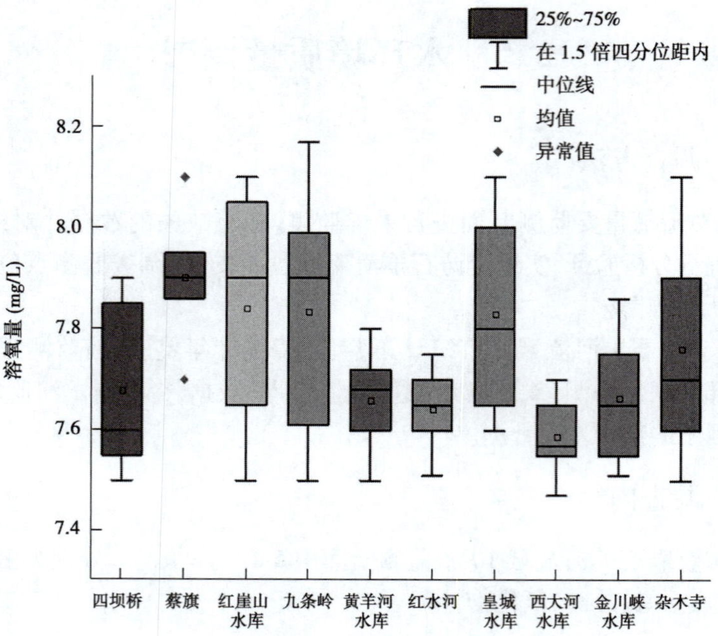

图 2-1 各断面溶解氧分布情况

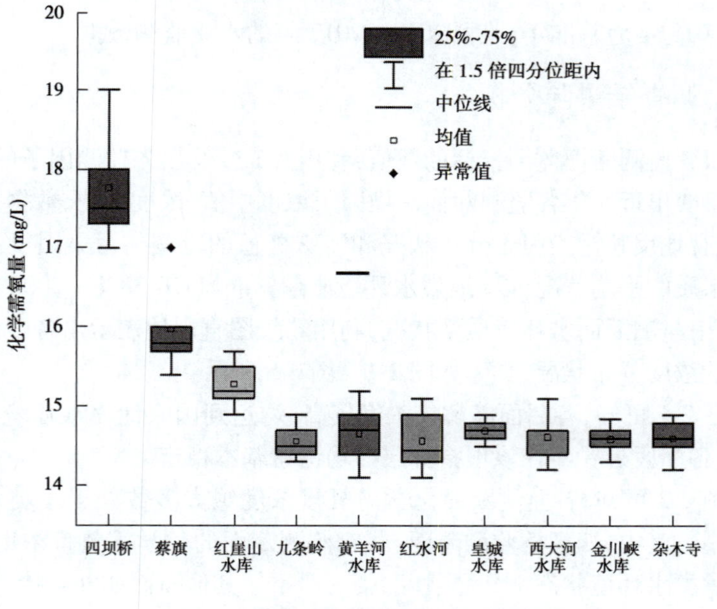

图 2-2 各断面化学需氧量分布情况

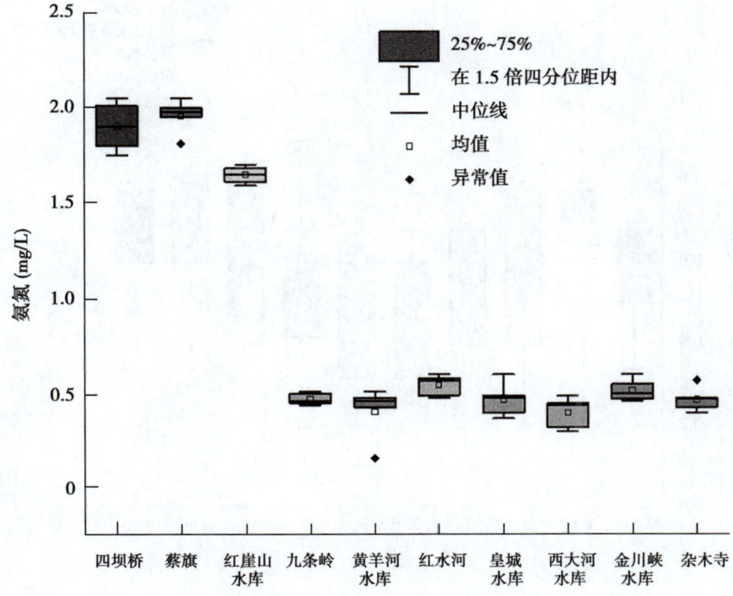

图 2-3　各断面氨氮含量分布情况

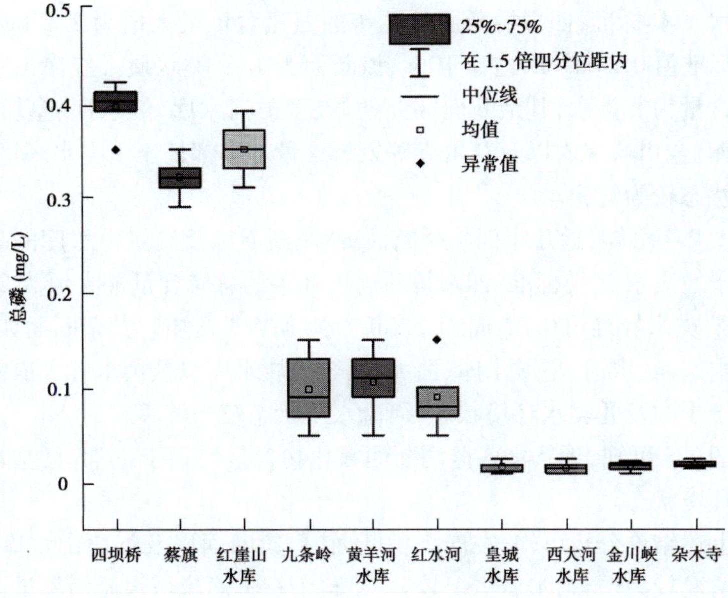

图 2-4　各断面总磷含量分布情况

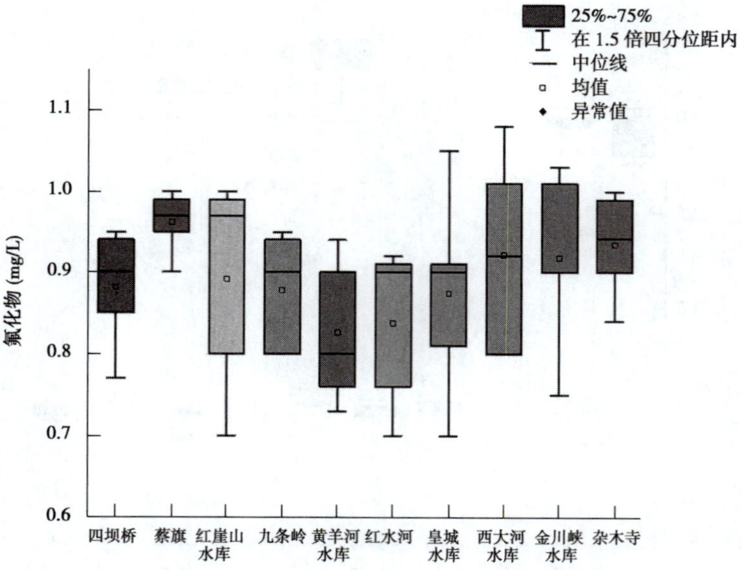

图 2-5　各断面氟化物含量分布情况

由图 2-3 可知，2015 年四坝桥以及蔡旗断面的氨氮含量已经达到甚至超出地表水 V 类标准，四坝桥断面近几年的氨氮含量最大值为 2.2 mg/L，超出 V 类水标准值 0.2 mg/L，占比 10%，该断面为劣 V 类水质。红崖山水库中水质氨氮含量为Ⅱ类水，其余断面如九条岭、黄羊河水库、红水河、皇城水库、西大河水库、金川峡水库以及杂木寺等氨氮含量基本都处于Ⅰ类水环境状态，河流水质状态较为健康。

由图 2-4 可知，近几年四坝桥断面、蔡旗断面以及红崖山水库的总磷含量基本处于地表水 V 类标准，四坝桥断面近几年的总磷含量最大值为 0.43 mg/L，超出 V 类水标准值 0.03 mg/L，该断面为劣 V 类水质。其余断面如九条岭、黄羊河水库、红水河、皇城水库、西大河、金川峡水库以及杂木寺等氨氮含量基本都处于Ⅰ类及Ⅱ类水环境状态，河流水质状态较为健康。

由图 2-5 可知，近几年各监测断面氟化物含量均趋于正常，且基本都属于Ⅰ类水环境状态。

由上述结论分析可知，在四坝桥断面、蔡旗断面以及红崖山水库断面，水质污染情况较为严重，水质情况较差，是整个石羊河流域水质污染最为严重的断面，结合相应断面的地理位置以及社会经济状态，污染原因分析如下：

在这三处区域，主要存在以工业污染、农业污染和生活污染为主的水污染，上述三种污染是石羊河流域的主要污染源，这些污染源由支流汇入干流，造成了整个流域水环境污染。由此建议环保及相关部门，对城镇污水采取加强污染处理系统的基础建设，加强相应技术投资，提高污水处理效率；对工业废水排放推行标准加严、奖惩结合的方式，对偷排、超标排放的行为加重惩罚，对保护环境、主动提升污水处理设备并改进处理技术的企业进行资金奖励，鼓励企业推行环保生产。而其余断面水质情况较为健康，均处于Ⅰ类、Ⅱ类水环境状态。

2.6　评价体系构建

2.6.1　相应的指标确定原则

2.6.1.1　代表性

代表性即在污染因子的选择上能够反映石羊河流域各断面的污染特征。选取石羊河流域各监测断面水质污染的主要影响因子作为评价指标。考虑到石羊河流域沿岸多工业企业，其工业废水中含有特征污染物的特点，在监测中考虑特征污染物对水质的影响。对石羊河流域各个具有代表性的监测断面水质进行采样分析，对水样中的溶解氧、氨氮、化学需氧量、氟化物、总磷、镉、六价铬、硫化物等污染因子进行检测，结果显示：各监测断面主要污染因子为溶解氧、化学需氧量、氨氮、总磷、氟化物。经过分析比对，以上5种污染因子能够代表各断面的水环境质量状况。

2.6.1.2　可操作性

可操作性体现在石羊河流域水环境污染因子数据是否容易获得、评价方法应用是否具有可行性。石羊河流域水环境污染指标的数据可以通过地方环保部门获得，根据环境统计年鉴或现场监测进行校正，漏失的数据可以通过建立灰色预测模型等数学方法进行补充。本书利用模糊数学的方法，根据各污染因子的浓度值可以对流域水环境质量进行科学评价。

2.6.1.3　可比性

可比性体现在各监测断面之间、各项指标之间的可比。选取的指标具有国际通用的名称，其概念和计算方法符合国家通用标准，能够在时间以及空间上可比，便于不同监测断面、相同指标之间的动态分析和综合评价。本书研究了各监测断面不同污染评价指标的可比性，它们具有相同的浓度单位，时间和空间上可比。

2.6.1.4　全面性

全面性体现在对石羊河流域监测断面的全覆盖，包括整个石羊河流域的干支流及上、中、下游地区，对各个监测断面的水质评价能够反映石羊河流域的整体水质状况。

2.6.2　模糊综合评价法指标确定

2.6.2.1　隶属度确定

我国《地表水环境质量标准》(GB 3838—2002)确定了水环境质量的不同等级，但是相邻等级之间的浓度等级较难界定，选用模糊综合评价法可以解决上述问题，且能保证水质评价精确性，评价结果具有客观性和科学性。

模糊综合评价法模型要建立反应模糊集合与隶属度的一一对应关系的隶属函数，最常用梯形分布刻画隶属度。以《地表水环境质量标准》(GB 3838—2002)为依据，首先选用分段函数法建立隶属度函数，然后确定隶属度。

隶属函数按式(2-11)及式(2-12)进行计算。

(1)对于大者为优的正向指标：

$$K(x_i) = \begin{cases} 1 & \\ & \dfrac{x_i - T_i}{s_i - T_i} T_i < x_i < S_i \\ 0 & \end{cases} \tag{2-11}$$

(2)对于小者为优的负向指标：

$$K(x_i) = \begin{cases} 1 & \\ & \dfrac{s_i - x_i}{s_i - T_i} T_i < x_i < S_i \\ 0 & \end{cases} \tag{2-12}$$

式中　x_i——第 i 个评价因子的实测值，mg/L；

S_i、T_i——第 i 个评价因子对应水环境质量标准等级的上、下限，mg/L。

构建单因子模糊评价矩阵按式(2-13)计算：

$$K = \begin{bmatrix} k_{11} & k_{12} & k_{13} & k_{14} & k_{15} \\ k_{21} & k_{22} & k_{23} & k_{24} & k_{25} \\ k_{31} & k_{32} & k_{33} & k_{34} & k_{35} \\ k_{41} & k_{42} & k_{43} & k_{44} & k_{45} \\ k_{51} & k_{52} & k_{53} & k_{54} & k_{55} \end{bmatrix} \tag{2-13}$$

式中　K_{in}——各评价因子的 n 级隶属度。

不同评价因子的权重赋值法包括超标倍数法、熵权法、层次分析法等，其中层次分析赋权重容易受到主观因素的影响，故本书将采取较为客观的超标倍数法及熵权法对各断面及污染因子进行赋值，得出权重矩阵。

权重矩阵与单因子模糊评价矩阵的乘积得出模糊综合评价结果，如式(2-14)所示：

$$A = WK = (w_1、w_2、w_3、w_4、w_5)\begin{bmatrix} k_{11} & k_{12} & k_{13} & k_{14} & k_{15} \\ k_{21} & k_{22} & k_{23} & k_{24} & k_{25} \\ k_{31} & k_{32} & k_{33} & k_{34} & k_{35} \\ k_{41} & k_{42} & k_{43} & k_{44} & k_{45} \\ k_{51} & k_{52} & k_{53} & k_{54} & k_{55} \end{bmatrix} \tag{2-14}$$

2.6.2.2 权重的确定

1. 超标倍数法赋权重

传统的模糊数学法常使用超标倍数法进行权重赋值，能够反映各污染因子在综合评价中的比重，按式(2-15)、式(2-16)、式(2-17)计算：

$$\overline{S}_i = \frac{1}{m}\sum_{j}^{m} S_{ij} \tag{2-15}$$

$$I_i = \frac{C_i}{\overline{S}_i} \tag{2-16}$$

$$w_i = \frac{I_i}{\sum_{i=1}^{n} I_i} \tag{2-17}$$

式中 $\overline{S}_i$——污染因子 i 各级标准平均值，mg/L；

S_{ij}——污染因子 i 的第 j 级标准值，mg/L；

m——级别数；

I_i——污染因子 i 的超标倍数；

C_i——污染因子 i 的实测值，mg/L；

w_i——污染因子 i 的权重；

n——污染因子数量。

各污染因子权重标准化按式(2-18)处理：

$$\overline{w}_i = \frac{w_i}{\sum_{i=1}^{n} w_i} \tag{2-18}$$

式中　$\overline{w}_i$——污染因子 i 归一化后权重。

2. 熵权法赋权重

信息熵能够反映临界数据压缩后的临界值、可度量信息量的大小。某一项水环境管理评价指标在水环境管理评价中带有的信息越多,说明该指标对决策的影响越大,信息熵越小。本书将利用改进的熵权法来确定各指标的权重,计算公式如下所示。

设评价项目数量为 m,评价指标的数目为 n,原始数据矩阵为 $(Y_{ij})_{m\times n}$。

1)数据的归一化

对于大者为优的正向指标,按式(2-19)计算:

$$x_{ij}=\frac{\dfrac{y_{ij}}{(y_{ij\max})_i}}{\sum\limits_{i=1}^{m}\dfrac{y_{ij}}{(y_{ij\max})_i}} \tag{2-19}$$

对于小者为优的负向指标,按式(2-20)计算:

$$x_{ij}=\frac{\dfrac{(y_{ij\min})_i}{y_{ij}}}{\sum\limits_{i=1}^{m}\dfrac{(y_{ij\min})_i}{y_{ij}}} \tag{2-20}$$

2)指标的熵

按式(2-21)计算:

$$e_j=-k\sum_{i=1}^{m}x_{ij}\ln x_{ij} \tag{2-21}$$

由于指标熵的确定需要取对数,为了避免熵出现零和负数的情况,本书使用数据平移的方法进行修正,即取各评价指标的最小值,若最小值为负数,则对该最小的负数进行高斯取整 $[x_{ij\min}]$,取其绝对值 $|[x_{ij\min}]|$ 作为平移量,具体按式(2-22)、式(2-23)、式(2-24)计算。

$$x_{ij\min}>0,e_j=-k\sum_{i=1}^{m}x_{ij}\ln x_{ij}\quad (k\text{ 为常数},k=\frac{1}{\ln m}) \tag{2-22}$$

$$x_{ij\min}<0,e_j=-k\sum_{i=1}^{m}x_{ij}\ln(x_{ij}+|[x_{ij\min}]|)\quad (k\text{ 为常数},k=\frac{1}{\ln m}) \tag{2-23}$$

$$x_{ij\min}=0,e_j=-k\sum_{i=1}^{m}x_{ij}\ln(x_{ij}+1)\quad (k\text{ 为常数},k=\frac{1}{\ln m}) \tag{2-24}$$

相应的熵权(w_j)按式(2-25)计算:

$$w_j = \frac{1 - e_j}{n - \sum_{j=1}^{n} e_j} \tag{2-25}$$

2.6.2.3　水环境评价

为了全面、准确地了解石羊河流域水环境质量状况及污染情况，本书以近几年石羊河水质监测数据为基础（数据包含四坝桥、蔡旗、红崖山水库、九条岭、黄羊河水库、红水河、皇城水库、西大河水库、金川峡水库以及杂木寺等 10 个监测断面中的溶解氧、COD、总磷、氨氮、氟化物 5 种主要污染因子的浓度），利用模糊综合评价法对石羊河流域水环境质量进行评价与分析。

1. 构建单因子模糊矩阵

将各评价监测断面中各污染因子实测数据代入相应的隶属函数，得出各个监测面的模糊关系矩阵，如下所示：

$$K_{四坝桥} = \begin{bmatrix} 0.15 & 0.00 & 0.00 & 0.00 & 0.00 \\ 0.00 & 0.00 & 1.00 & 0.00 & 0.00 \\ 0.00 & 0.00 & 0.00 & 0.00 & 1.00 \\ 0.00 & 0.00 & 0.00 & 0.50 & 1.00 \\ 1.00 & 0.00 & 0.00 & 0.00 & 0.00 \end{bmatrix}$$

$$K_{蔡旗} = \begin{bmatrix} 0.30 & 0.00 & 0.00 & 0.00 & 0.00 \\ 0.00 & 0.00 & 0.96 & 0.00 & 0.00 \\ 0.00 & 0.00 & 0.00 & 0.00 & 1.00 \\ 0.00 & 0.00 & 0.00 & 0.20 & 1.00 \\ 1.00 & 0.00 & 0.00 & 0.00 & 0.00 \end{bmatrix}$$

$$K_{红崖山水库} = \begin{bmatrix} 0.21 & 0.00 & 0.00 & 0.00 & 0.00 \\ 0.00 & 0.00 & 0.42 & 0.00 & 0.00 \\ 0.00 & 0.00 & 0.00 & 1.00 & 0.00 \\ 0.00 & 0.00 & 0.00 & 1.00 & 0.00 \\ 1.00 & 0.00 & 0.00 & 0.00 & 0.00 \end{bmatrix}$$

$$K_{九条岭} = \begin{bmatrix} 0.20 & 0.00 & 0.00 & 0.00 & 0.00 \\ 0.28 & 0.00 & 0.00 & 0.00 & 0.00 \\ 0.00 & 0.02 & 0.16 & 0.00 & 0.00 \\ 0.00 & 0.67 & 1.00 & 0.00 & 0.00 \\ 1.00 & 0.00 & 0.00 & 0.00 & 0.00 \end{bmatrix}$$

$$K_{黄羊河水库}=\begin{bmatrix}0.11 & 0.00 & 0.00 & 0.00 & 0.00\\0.30 & 0.00 & 0.04 & 0.00 & 0.00\\0.00 & 0.60 & 0.04 & 0.00 & 0.00\\0.00 & 1.00 & 0.80 & 0.00 & 0.00\\1.00 & 0.00 & 0.00 & 0.00 & 0.00\end{bmatrix}$$

$$K_{红水河}=\begin{bmatrix}0.10 & 0.00 & 0.00 & 0.00 & 0.00\\0.54 & 0.00 & 0.02 & 0.00 & 0.00\\0.00 & 0.02 & 0.54 & 0.00 & 0.00\\0.00 & 1.00 & 0.50 & 0.00 & 0.00\\1.00 & 0.00 & 0.00 & 0.00 & 0.00\end{bmatrix}$$

$$K_{皇城水库}=\begin{bmatrix}0.23 & 0.00 & 0.00 & 0.00 & 0.00\\0.31 & 0.00 & 0.00 & 0.00 & 0.00\\0.00 & 0.02 & 0.98 & 0.00 & 0.00\\0.00 & 1.00 & 0.00 & 0.00 & 0.00\\1.00 & 0.40 & 0.00 & 0.00 & 0.00\end{bmatrix}$$

$$K_{西大河水库}=\begin{bmatrix}0.06 & 0.98 & 0.00 & 0.00 & 0.00\\0.44 & 0.00 & 0.04 & 0.00 & 0.00\\0.00 & 0.58 & 0.22 & 0.00 & 0.00\\0.00 & 1.00 & 0.00 & 0.00 & 0.00\\1.00 & 0.03 & 0.00 & 0.00 & 0.00\end{bmatrix}$$

$$K_{金川峡水库}=\begin{bmatrix}0.10 & 0.00 & 0.00 & 0.00 & 0.00\\0.37 & 0.00 & 0.00 & 0.00 & 0.00\\0.00 & 0.00 & 0.58 & 0.00 & 0.00\\0.00 & 1.00 & 0.00 & 0.00 & 0.00\\1.00 & 0.05 & 0.00 & 0.00 & 0.00\end{bmatrix}$$

$$K_{杂木寺}=\begin{bmatrix}0.18 & 0.00 & 0.00 & 0.00 & 0.00\\0.38 & 0.00 & 0.00 & 0.00 & 0.00\\0.00 & 0.02 & 0.56 & 0.00 & 0.00\\0.00 & 1.00 & 0.00 & 0.00 & 0.00\\1.00 & 0.00 & 0.00 & 0.00 & 0.00\end{bmatrix}$$

2. 超标倍数法确定权重值

根据各断面各个污染因子的监测数据，利用超标倍数法将数据进行标准化处理，得到各断面权重值，如表 2-7 所示。

表 2-7　超标倍数法确定权重值

断面	溶解氧	化学需氧量	氨氮	总磷	氟化物
四坝桥	0.18	0.083	0.22	0.44	0.083
蔡旗	0.21	0.082	0.45	0.11	0.13
红崖山水库	0.20	0.074	0.19	0.47	0.068
九条岭	0.22	0.076	0.062	0.56	0.085
黄羊河水库	0.42	0.16	0.1	0.12	0.2
红水河	0.37	0.14	0.2	0.12	0.17
皇城水库	0.45	0.16	0.11	0.13	0.15
西大河水库	0.44	0.16	0.078	0.013	0.18
金川峡水库	0.41	0.15	0.12	0.11	0.19
杂木寺	0.43	0.18	0.1	0.12	0.19

3. 熵权法确定污染因子权重

对基础数值进行数据标准化处理，结果如下：

$$\begin{bmatrix} 0.098 & 0.083 & 0.028 & 0.018 & 0.093 \\ 0.100 & 0.096 & 0.015 & 0.037 & 0.084 \\ 0.104 & 0.099 & 0.035 & 0.018 & 0.119 \\ 0.102 & 0.105 & 0.116 & 0.016 & 0.105 \\ 0.096 & 0.104 & 0.144 & 0.155 & 0.093 \\ 0.097 & 0.104 & 0.064 & 0.147 & 0.093 \\ 0.104 & 0.101 & 0.144 & 0.155 & 0.119 \\ 0.099 & 0.102 & 0.193 & 0.147 & 0.105 \\ 0.098 & 0.103 & 0.116 & 0.151 & 0.093 \\ 0.100 & 0.103 & 0.145 & 0.156 & 0.093 \end{bmatrix}$$

计算评价的熵权值，结果如下：

$$e_j = (0.99 \quad 0.98 \quad 0.92 \quad 0.89 \quad 1.0)$$

计算得出权重值，如图 2-6 所示。

4. 数学模糊评价结果

将超标倍数法及熵权法获得的权重集 W 带入模糊综合评价公式 $A = WK$，

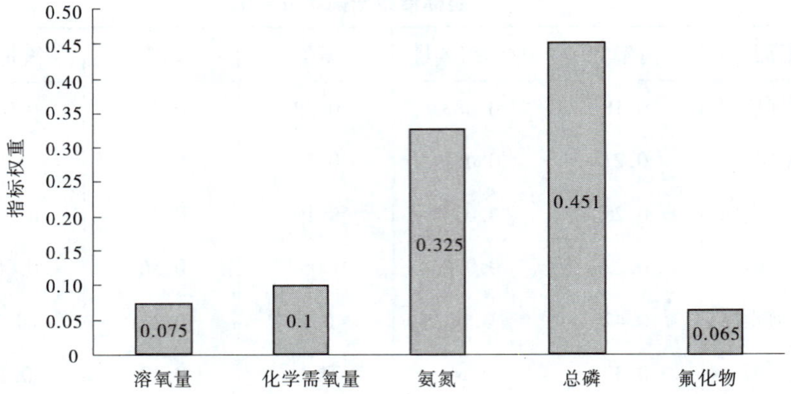

图 2-6 各监测断面指标权重示意

计算出数学模糊评价结果。利用超标倍数赋权重的模糊综合评价法对近几年石羊河流域 10 个监测断面的水环境质量进行评价,其结果如表 2-8 所示。

表 2-8 超标倍数法数学模糊综合评价结果

监测断面	Ⅰ	Ⅱ	Ⅲ	Ⅳ	Ⅴ	评价等级
四坝桥	0.027	0.000	0.083	0.220	0.660	Ⅴ
蔡旗	0.146	0.000	0.079	0.088	0.650	Ⅴ
红崖山水库	0.110	0.000	0.032	0.660	0.000	Ⅳ
九条岭	0.150	0.380	0.570	0.000	0.000	Ⅲ
黄羊河水库	0.290	0.180	0.110	0.000	0.000	Ⅰ
红水河	0.280	0.130	0.290	0.000	0.000	Ⅲ
皇城水库	0.300	0.140	0.107	0.000	0.000	Ⅰ
西大河水库	0.270	0.490	0.024	0.000	0.000	Ⅱ
金川峡水库	0.280	0.120	0.070	0.000	0.000	Ⅰ
杂木寺	0.330	0.130	0.056	0.000	0.000	Ⅰ

利用熵权法赋权重的模糊综合评价法,对近几年石羊河流域 10 个监测断面的水环境质量进行评价,其结果如表 2-9 所示。

表 2-9　熵权法数学模糊综合评价结果

监测断面	Ⅰ	Ⅱ	Ⅲ	Ⅳ	Ⅴ	评价等级
四坝桥	0.076	0.000	0.325	0.230	0.776	Ⅴ
蔡旗	0.088	0.000	0.096	0.090	0.776	Ⅴ
红崖山水库	0.081	0.000	0.042	0.658	0.000	Ⅳ
九条岭	0.108	0.308	0.503	0.000	0.000	Ⅲ
黄羊河水库	0.103	0.646	0.378	0.000	0.000	Ⅱ
红水河	0.127	0.458	0.403	0.000	0.000	Ⅱ
皇城水库	0.113	0.485	0.319	0.000	0.000	Ⅱ
西大河水库	0.114	0.714	0.076	0.000	0.000	Ⅱ
金川峡水库	0.109	0.484	0.319	0.000	0.000	Ⅱ
杂木寺	0.117	0.457	0.182	0.000	0.000	Ⅱ

将熵权法和超标倍数法两种权重赋值方法的模糊数学水质评价结果与单因子指数评价结果进行对比，如表 2-10 所示。

表 2-10　三种水质评价结果对比

监测断面	熵权法数学模糊综合评价	超标倍数法数学模糊综合评价	单因子指数评价
四坝桥	Ⅴ	Ⅴ	Ⅴ
蔡旗	Ⅴ	Ⅴ	Ⅴ
红崖山水库	Ⅳ	Ⅳ	Ⅳ
九条岭	Ⅲ	Ⅲ	Ⅰ
黄羊河水库	Ⅱ	Ⅰ	Ⅱ
红水河	Ⅱ	Ⅲ	Ⅰ
皇城水库	Ⅱ	Ⅰ	Ⅰ
西大河水库	Ⅱ	Ⅱ	Ⅱ
金川峡水库	Ⅱ	Ⅰ	Ⅰ
杂木寺	Ⅱ	Ⅰ	Ⅰ

2.7　水环境质量评价结果与分析

从表 2-8 可以看出,利用超标倍数权重赋值方法对石羊河流域 10 个监测断面进行水质评价,各断面水质评价等级范围是Ⅰ～Ⅴ类,表明流域水环境质量依然存在局部水环境污染和不达标的现象。利用超标倍数赋权重数学模糊评级结果显示:黄羊河水库、皇城水库、金川峡水库、杂木寺等断面水质最好,水质级别可以达到Ⅰ类。西大河水库断面水质达到了Ⅱ类水质条件,九条岭和红水河断面水质达到了Ⅲ类,红崖山水库断面水质为Ⅳ类,四坝桥、蔡旗断面水质污染较为严重,水质类别为Ⅴ类。从地理位置上看,污染较重的断面多分布在中下游,说明流域下游污染防治形势严峻。为了保证石羊河流域水环境质量好转,实现水资源的可持续开发利用和良性循环,现阶段中下游水环境管理部门应当采取有效的控制污染措施。从表 2-9 可以看出,由熵权法赋权重的模糊综合评价法对石羊河流域 10 个监测断面的水质评价结果显示,10 个断面中黄羊河水库、红水河、皇城水库、西大河水库、金川峡水库以及杂木寺六个断面水质条件均达到了Ⅱ类水标准,九条岭断面达到了Ⅲ类水标准,红崖山水库断面水质为Ⅳ类,四坝桥、蔡旗断面水质污染较为严重,仅符合Ⅴ类水质标准。

对熵权赋权重和超标倍数赋权重的两种模糊数学综合评价与单因子指数评价结果进行比较,得出流域各监测断面水环境质量最好的等级是Ⅰ～Ⅱ类。三种方法均得出,四坝桥、蔡旗监测断面水质污染严重,仅符合Ⅴ水质标准;红崖山水库断面水质为Ⅳ类。三种方法互相评价分析之后发现,10 个监测断面结果均较为接近,且各评价方法评价等级差别精度控制在一级,具有较高的精度与准确性。相对于单因子指数评价法,超标倍数法及熵权法的结果较为贴近,也更优于单因子指数评价法,可进一步客观地反映各断面的水质状况,也能更大程度地反映石羊河流域的水环境质量。

影响石羊河流域水质的各指标中,通过对权重的计算可知,氨氮和总磷对水质的影响程度相对较大,表明水体主要污染物为氨氮和总磷,加强氨氮、总磷排污控制是石羊河流域水环境污染治理的关键。了解石羊河流域主要的污染物可以有针对性地分析其有效来源,有利于决策者有针对性地提出治理方案,并加强监督和治理,具有十分重要的意义。

第 3 章　石羊河流域水环境管理

3.1　流域水环境管理现状调查

3.1.1　调查方法

(1)资料调查:查阅近几年石羊河流域各市、县统计年鉴,环境统计年鉴,环境监测报告,地方环保局、水文局的相关资料等,全面掌握流域内水量管理、污染控制管理、流域社会经济发展状况、政府管理模式、生态建设管理等现状。缺失的数据通过与流域环境保护相关部门进行联系补充。

(2)现场调查:对流域水环境管理污染控制设施、湿地运行、污染物处理技术和效果等进行现场调查,全面掌握流域水环境管理现状。

3.1.2　调查内容

调查 2013 ~2018 年石羊河流域聊城段的流域水资源管理、流域水环境污染控制水平、流域社会经济水平、流域生态环境建设、流域政府管理属性以及公众参与水平。其中,水资源管理包括万元工业产值用水量、农业灌溉水利用率、生活用水及工业用水定额、农业灌溉用水定额等;水环境污染控制水平包括工业废水及生活污水排放量、污水达标排放率、处理效率以及主要污染物浓度等;社会经济水平包括反映流域社会经济发展状况的国内生产总值、人口密度等;流域生态环境建设包括人均绿地面积、生物多样性指数等;政府管理属性包括体现政府管理模式的流域水环境政策立法、水环境管理机构设置状况等;公众参与水平包括公众和企业对水环境管理的认知度及满意度。

3.2　流域水环境管理分析

3.2.1　评价指标体系的构建

根据流域水环境管理水平包含的内容,确定指标备选库,采用频度统计法、专家咨询以及理论分析法筛选出适合石羊河流域水环境管理水平评价的指标,包含水环境管理的定性和定量指标,在空间上涉及流域水资源量、水质、社会经济、流域管理属性等，能够全面反映石羊河流域水环境管理水平的整体格局以及流域管理特征。针对石羊河流域水环境现状确立了以流域水环境管理水平为总目标，流域水环境污染控制水平、流域水资源管理、流域社会经济水平、流域生态环境建设、流域政府管理属性、公众参与水平为准则层，独立的、覆盖面较广的指标层(共 30 项)。以此构建的石羊河流域水环境管理指标体系如表 3-1 所示。

表 3-1 石羊河流域水环境管理指标体系

目标层 A	准则层 B	指标层 C	单位	指标性质
流域水环境控制水平	流域水环境污染控制水平 B1	污染防治项目执行率 C1	%	正向
		工业废水处理率 C2	%	正向
		氨氮排放量 C3	t	负向
		化学需氧量排放量 C4	t	负向
		生活废水排放量 C5	万 t	负向
		工业废水排放量 C6	万 t	负向
	流域水资源管理 B2	人均水资源量 C7	m^3/人	正向
		工业用水定额 C8	m^3/t	负向
		农业灌溉用水定额 C9	m^3/亩	负向
		地表水可用量 C10	亿 m^3	正向
	流域社会经济水平 B3	社会安全饮用水比例 C11	%	正向
		治污投资占 GDP 的量 C12	%	正向
		恩格尔系数 C13	%	负向
		人均消费水平 C14	元/人	正向
		单位用水量 GDP C15	万元	正向
		区域生产总值增长率 C16	%	正向
		人口密度 C17	人/km^2	正向
		生产总值 C18	亿元	正向
	流域生态环境建设 B4	森林覆盖率 C19	%	正向
		人均公共绿地面积 C20	hm^2/万人	正向
		生物多样性指数 C21	%	正向
		湿地面积占辖区面积比重 C22	%	正向

续表 3-1

目标层 A	准则层 B	指标层 C	单位	指标性质
流域水环境控制水平	流域政府管理属性 B5	流域法律完善度 C23	分	正向
		流域水环境质量监测制度 C24	分	正向
		排污收费制度 C25	分	正向
		流域水环境管理机构设置完善度 C26	%	正向
		水环境管理服务设施完善度 C27	分	正向
	公众参与水平 B6	公众对水环境管理认知度 C28	分	正向
		企业对水环境管理认知度 C29	分	正向
		公众对水环境的满意度 C30	分	正向

3.2.1.1　流域水环境污染控制水平

本准则层包括工业废水及生活废水排放量、化学需氧量及氨氮的排放量、工业废水处理率以及污染防治项目执行率等 6 项具体指标。

数据来源为甘肃省统计年鉴(2013 ~ 2018),工业废水处理率参照国内文献获得,污染防治项目执行率参照政府报告等获得。

3.2.1.2　流域水资源管理

本准则层包括人均水资源量、工业用水定额、农业灌溉用水定额、地表水可用量等 4 项具体指标。其中,工业用水定额是一种取水量标准,表示对特定的取水核算单位,以工业产品的单位产量为核算单元,制定的合理取水量标准。农业灌溉用水定额包含毛灌溉定额、净灌溉定额及灌溉水利用系数等概念。其中,农作物毛灌溉定额的计算如式(3-1)所示:

$$m_{\text{毛}} = \frac{m_{\text{净}}}{\eta} \tag{3-1}$$

式中　η——灌溉水利用系数;

$m_{\text{净}}$——净灌溉定额,m^3/亩;

$m_{\text{毛}}$——毛灌溉定额,m^3/亩。

人均水资源量、地表水可用量数据来自甘肃省统计年鉴(2013 ~ 2018),工业用水定额、农业灌溉用水定额参照甘肃省发布的重点工业行业产品取水定额以及农作物灌溉定额。

3.2.1.3　流域社会经济水平

本准则层包括流域生产总值、人口密度、区域生产总值增长率、单位用水量万元 GDP、人均消费水平、恩格尔系数、治污投资占 GDP 的量、社会安全饮用水比例 8 个具体指标。数据来源为甘肃省统计年鉴(2013 ~ 2018),恩格尔系数是居民食品支出与消费总量之比。

3.2.1.4 流域生态环境建设

本准则层包括流域森林覆盖率、人均公共绿地面积、生物多样性指数、湿地面积占辖区面积比重 4 项具体指标。数据来源为甘肃省统计局、国家林业局以及已发表的期刊论文。参照我国环保部发布的《区域生物多样性评价标准》(HJ 623—2011),生物多样性涵盖物种内部、生物间及生态系统的多样性,其内涵是指来源于海洋、陆地以及其他水生生态系统及其构成的生态综合体的所有活生物体的变异性。

3.2.1.5 流域政府管理属性

本准则层包括流域法律完善度、流域水环境质量监测制度、排污收费制度、流域水环境管理机构设置完善度以及水环境管理服务设施完善度 5 个指标。

以上指标为调查数据,通过收集流域法律法规的种类和数量,并与甘肃省流域保护相关法律法规进行对比,利用专家咨询法对各项指标进行打分。以 100 分为标准,共分成四个等级,每个等级的差值为 20 分。

3.2.1.6 公众参与水平

本准则层包括企业对水环境管理认知度、公众对水环境管理认知度以及公众对水环境的满意度 3 项具体指标。企业对水环境管理认知度体现在流域重点企业实施清洁生产审核率以及流域重点企业达标排放执行情况考核。

以上 3 项指标为定性指标,采用特尔菲法量化,分为差、较差、一般、较好、好五个等级,赋值分别为 20 分、40 分、60 分、80 分和 100 分。

3.2.2 权重的确定

权重用以衡量每一个指标在指标体系中的相对重要程度,权重赋值的科学性影响评价结果的客观性和准确性。权重赋值的方法包括层次分析法(AHP)、熵权法、专家打分赋值法、模糊综合分析法、传统灰色模型赋权法、特尔菲法、主成分分析法等。层次分析法(AHP)需要对每个指标确定标准值,而标准的确定容易受到很多因素的影响,由此,赋值权重主观性较强;专家打分赋值法很容易受到评价主体主观因素的影响;主成分分析法能够通过各指标的贡献率以及累计贡献率来确定主要的影响指标,无法确定每一个指标的权重值。故本书选用熵权法,在保证数据真实性的同时,能够避免人为因素的干扰,具有很强的客观性、科学性和合理性。具体赋值过程见“2.6.2.2　权重的确定”内容。

3.2.3　评价模型的确定

利用评价模型对每个评价指标进行量化,目前应用的评价模型有距离函数法、多目标综合评价模型、数据网络分析法、灰色聚类法等。流域水环境管理指标体系具有多层次、多指标的特点,流域水环境管理是多目标决策的过程。多目标综合评价模型能够为解决多目标决策问题提供有效工具,因此本书通过建立多目标综合评价模型对流域水环境管理水平进行评价。

本书采用熵权法赋值的多目标综合评价模型对水环境管理水平进行评价,第一步,将指标分为两类:正向型和负向型,对评价指标进行标准化处理,确定每个指标权重;第二步,构建加权的标准化决策矩阵;第三步,确定各指标最优、最劣方案;第四步,计算最劣方案与最优方案的欧式函数;第五步,计算出各方案与最优方案的相对贴近度。

评价模型构建的具体过程:

(1)构建加权的标准化决策矩阵,按式(3-2)、式(3-3)计算:

$$P = (p_{ij})_{m\times n} \tag{3-2}$$

$$p_{ij} = w_j \times x_{ij} \quad (i = 1,2,\cdots,m;j = 1,2,\cdots,n) \tag{3-3}$$

(2)确定最优方案 X^+ 和最劣方案 X^-:

定义 $X^+ = (x_1^+, x_2^+, \cdots, x_n^+)$,$X^- = (x_1^-, x_2^-, \cdots, x_n^-)$。

对于越大越优的正向型指标:

$$X_j^+ = \max p_{ij}, X_j^- = \min p_{ij} \tag{3-4}$$

对于越小越优的负向型指标:

$$X_j^- = \max p_{ij}, X_j^+ = \min p_{ij} \tag{3-5}$$

(3)计算方案与最优方案的欧式函数,按式(3-6)、式(3-7)计算:

$$d_i^+ = \sqrt{\sum_{j=1}^{n} (p_{ij} - X_j^+)^2} \tag{3-6}$$

$$d_i^- = \sqrt{\sum_{j=1}^{n} (p_{ij} - X_j^-)^2} \tag{3-7}$$

(4)计算各方案与最优方案的相对贴近度:

相对贴近度越小,说明结果越接近理想解,方案与最优方案越贴近,与最劣方案越疏远,表明该方案越好。

$$S_i = \frac{d_i^+}{d_i^+ + d_i^-} \tag{3-8}$$

(5)将计算出的 S_i 按照大小排序,评价水平将表现为由小到大递增。

3.2.4 评价过程

以 2013~2018 年 6 年的数据分别用于建立石羊河流域水环境管理指标体系,6 年评价结果可相互验证评价的合理性。评价指标体系加权的标准化决策矩阵如表 3-2 所示。

表 3-2 石羊河流域水环境管理评价标准矩阵

指标层	单位	2018 年	2017 年	2016 年	2015 年	2014 年	2013 年
C1	%	0.005 5	0.005 3	0.005 2	0.005 1	0.005 4	0.005 3
C2	%	0.006 1	0.005 3	0.005 3	0.005 2	0.005 0	0.005 1
C3	t	0.001 1	0.003 9	0.003 7	0.003 5	0.014 0	0.013 7
C4	t	0.003 1	0.002 9	0.002 9	0.002 9	0.015 9	0.009 5
C5	万 t	0.003 1	0.004 2	0.004 3	0.005 1	0.008 1	0.007 2
C6	万 t	0.007 1	0.002 3	0.007 6	0.006 8	0.005 6	0.002 9
C7	m^3/人	0.006 1	0.005 7	0.004 5	0.005 9	0.004 3	0.004 5
C8	m^3/t	0.006 2	0.005 0	0.005 9	0.004 7	0.004 8	0.004 6
C9	m^3/亩	0.002 4	0.003 5	0.006 7	0.004 9	0.010 1	0.005 3
C10	亿 m^3	0.005 2	0.005 0	0.005 0	0.004 9	0.005 7	0.005 8
C11	%	0.005 8	0.005 4	0.004 9	0.004 7	0.004 6	0.005 1
C12	%	0.007 5	0.007 7	0.006 8	0.005 3	0.003 9	0.001 5
C13	%	0.006 1	0.005 9	0.005 5	0.005 1	0.003 9	0.005 2
C14	元/人	0.005 2	0.005 9	0.005 1	0.005 2	0.005 7	0.004 7
C15	万元	0.005 7	0.007 4	0.002 9	0.007 2	0.005 4	0.005 3
C16	%	0.004 7	0.004 6	0.005 3	0.006 5	0.006 3	0.006 8
C17	人/km^2	0.005 1	0.005 5	0.005 7	0.005 4	0.005 7	0.005 5
C18	亿元	0.006 7	0.005 4	0.005 8	0.006 0	0.004 2	0.004 7
C19	%	0.005 8	0.005 6	0.005 7	0.006 0	0.005 2	0.004 9

续表 3-2

指标层	单位	2018 年	2017 年	2016 年	2015 年	2014 年	2013 年
C20	hm^2/万人	0.005 9	0.005 7	0.005 7	0.005 3	0.004 6	0.005 2
C21	%	0.005 2	0.005 7	0.004 9	0.005 8	0.005 2	0.005 5
C22	%	0.006 9	0.006 2	0.006 4	0.004 7	0.004 9	0.004 3
C23	分	0.007 1	0.006 2	0.005 4	0.004 2	0.004 2	0.004 2
C24	分	0.005 3	0.005 2	0.005 7	0.005 8	0.005 2	0.005 3
C25	分	0.006 2	0.005 7	0.005 0	0.005 1	0.005 0	0.005 1
C26	%	0.006 0	0.005 5	0.005 5	0.005 1	0.005 2	0.005 3
C27	分	0.006 5	0.004 9	0.005 7	0.005 4	0.005 8	0.005 7
C28	分	0.006 1	0.005 2	0.005 8	0.004 7	0.005 4	0.004 3
C29	分	0.006 3	0.004 9	0.005 1	0.005 5	0.005 7	0.005 6
C30	分	0.006 5	0.006 8	0.005 5	0.005 3	0.005 1	0.005 4

熵权法确定30个指标的权重值取值为w_i =(0.033 9,0.033 6,0.038 1,0.039 2,0.032 0,0.032 3,0.032 4,0.032 5,0.035 0,0.032 8,0.033 1,0.032 7,0.032 5,0.033 7,0.033 0,0.032 4,0.035 2,0.032 9,0.033 2,0.032 9,0.033 2,0.033 3,0.032 4,0.032 1,0.032 4,0.032 3,0.033 0,0.032 9,0.032 9,0.034 5)。

3.2.5　评价结果与分析

通过综合评价模型计算出的流域水环境管理各准则层贴近度,以及流域水环境管理总的贴近度结果,如表 3-3 所示。

表 3-3　石羊河流域水环境管理各准则层贴近度结果

准则层	2018 年	2017 年	2016 年	2015 年	2014 年	2013 年
B1	0.006 2	0.006 4	0.143 0	0.141 0	0.975 0	0.798 0
B2	0.678 8	0.791 5	0.732 9	0.554 6	0.498 5	0.684 7
B3	0.125 8	0.079 8	0.453 2	0.187 5	0.521 0	0.743 8
B4	0.125 7	0.168 5	0.253 7	0.753 1	0.842 8	0.813 5
B5	0.135 5	0.610 0	0.821 0	0.954 7	0.975 4	0.982 3
B6	0.113 6	0.240 8	0.746 8	0.799 4	0.799 7	0.998 5

按照贴近度最小最优原则，由表 3-3 可以看出，2018 年流域水环境控制管理、生态环境建设、政府管理以及公众参与均为第 1 名，流域水资源管理为第 3 名，流域社会经济是近年来的第 2 名；2017 年水资源管理最差，因此相关水资源管理部门应加强可用水资源的开发和利用，采取提高水的重复利用率的相关措施；2016 年流域水环境控制管理与社会经济水平排第 4 名，流域水资源管理为第 5 名，生态环境建设、政府管理以及公众参与三项指标均为第 3 名；2015 年流域水环境控制管理排第 3 名，社会经济水平、水资源管理为第 2 名，生态环境建设、政府管理以及公众参与三项指标均为第 4 名；2014 年流域水环境控制管理、生态环境建设最差，水资源管理为第 1 名，政府管理、公众参与以及社会经济是第 5 名；2013 年流域水环境控制管理、社会经济、生态环境建设排名第 5 名，水资源管理为第 4 名，政府管理以及公众参与两项指标均为第 6 名。

由图 3-1 可以看出，2013 ~ 2018 年流域水资源管理贴近度总体呈起伏态势，表明流域水资源管理水平随着社会经济的发展、流域工业用水量及农业用水量不断上升，导致地表水资源可用量减少，由此引发流域水资源管理水平波动。相关管理部门可以通过提高水重复利用率、农业用水灌溉系数，推行节约用水措施、加强污水治理的方式提升流域水资源管理水平；流域水环境控制管理水平 2014 年最低，2013 ~ 2018 年呈逐年上升趋势，表明在通过《重点流域水污染防治“十二五”规划》后，进入流域的废水量、氨氮以及化学需氧量总量不断减少，污染控制水平不断提升；流域社会经济贴近度总体呈下降趋势，但

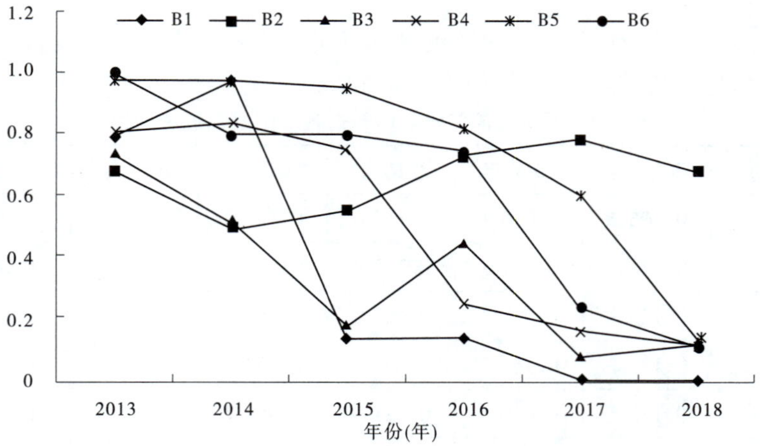

图 3-1 流域水环境管理准则层年际变化

在 2016 年贴近度值较高，通过分析发现，是治污投资占 GDP 的量有所下降所致。流域生态环境建设管理贴近度呈下降趋势，表明生态环境建设水平在 2013～2018 年逐年上升，分析原因是：流域近年来不断加强绿化和湿地建设，增加人均绿地面积及湿地占辖区面积比重，使得生物多样性不断增加；流域森林覆盖率不断提升，共同促进流域生态环境建设水平的不断提高；流域政府管理属性贴近度均呈下降趋势，表明流域在管理体制上有所加强，流域法律法规及排污收费制度越来越完善；流域公众参与水平越来越高，公众对水环境管理的认知度及满意度不断提高；环保部推行企业清洁生产审核制，企业对水环境管理的认知度不断提高。

第4章　石羊河流域水环境管理模式优化

通过前文的分析可知,石羊河流域水环境存在水质状况较为复杂且优劣参差不齐的情况。流域水环境管理存在政府管理属性水平、公众参与水平、流域水环境控制管理水平有待提升等问题。针对上述问题,从明确水环境管理部门职责、强化水环境管理部门协同机制、加强市场经济宏观调控、构建公众参与模式以及完善水环境管理法律体系五个方面,提出石羊河流域水环境管理模式优化,具体实施如下所述。

4.1　明确水环境管理部门职责

2016年10月,中共中央通过了《关于全面推行河长制的意见》(以下简称《意见》),明确指出我国将在2018年全面推行河长制,统一构建协调有序、责任明确、监管严格、保护有力的河湖管理保护机制。《意见》指出,建立健全流域管理体制的关键是要充分发挥我国七大流域管理委员会的工作职能,对流域水资源进行统一管理、规划、调度以及监管,促进各部门和区域之间涉水事务的协调统一,构建综合专业相互统筹、区域相互协调、部门及各行业间相互协同的流域管理机制。

2016年12月,国家水利改革"十三五"规划指出,改革和完善水治理体制的关键在于健全流域管理与行政区管理两者统筹协调的水资源管理体制,明确流域、中共中央、地方水资源管理部门的水利职责。对于石羊河流域水环境管理应尽快建立水环境管理的高效联动协作机制,使水环境的管理体制具有系统性和整体性。在明确各协作部门责任分工的基础上,进一步强化政府部门的主体责任、实施责任并强化相关环保部门的监督管理职能。为解决水环境管理中涉及多部门共同管理、权责重叠的问题,建议将流域管理委员会、环保部门、水利部门、国土资源、市政府等多部门联合建立石羊河流域水环境管理机构,由各部门主要领导组成。该管理机构主要职责为定期召开流域管理会议,按照政府主体责任、环保监管责任等总体要求商讨对流域水环境管理对策的制定、流域性政策和法规的制定、水环境管理的具体实施方案、水环境管理监督检查、各部门治水权责等，以提高流域水环境管理效率。

4.2　强化水环境管理部门协同机制

流域水环境管理是复杂公共事务管理，需要各职能部门发挥整体协作优势，达到整体功能大于局部功能之和的效果。英国执行机构的改革为此提供了有益借鉴。如果要使流域水环境管理各部门真正成为有机管理系统，必须科学合理界定有关职能部门的具体职责权限，使之符合系统管理需求。同时要对职能部门本身的组织结构，以及职能部门间组织结构进行重塑，使之与职责权限的要求相适应。职能部门协作机制的改进具有关键意义，它决定着部门协作的规范化程度，以及部门协作可持续发展的前景。因此，流域水环境管理职能部门间关系改进途径要从界定部门职责、重塑组织结构和改进协作机制三方面着手。

4.2.1　界定部门职责

界定部门职责的目的在于使职能部门各归其位，避免职责混淆造成越位、缺位等部门冲突现象，为部门协作奠定坚实基础。部门职权和责任必须相匹配，防止有权无责或有责无权等问题的出现，同时部门之间权责要做好衔接，避免权责真空和行为脱节等现象出现。部门立法弊端过多，导致部门职责难以界定清晰，立法机关应当限制部门立法，为部门职责界定提供科学、权威的法律依据。

4.2.2　重塑组织结构

目标导向的结构再造从部门结构变革入手，致力于打造具有共同愿景的政府组织体系，使各自为政的职能部门携手并肩，为共同目标而行动。职能部门间权责整合是部门重组的前提，部门重组是权责整合的重要途径，两者共同服务于目标导向的组织变革。组织结构重塑不能解决所有问题，职能部门的公共精神是机构重塑的必要补充。

4.2.3　改进协作机制

部门协作机制主要包括科层协调和制度协调两种。科层协调的本质是上级组织通过行政权力对部门协作进行干预。组织干预是我国流域水环境管理职能部门间的主要协作机制，需要进一步调整完善。制度协调主要是指职能部门通过制度设定的平台进行协商沟通，以达到形成共识和统一行动的目的。制度协调方兴未艾，是部门间协作的发展方向。无论是组织干预，还是制度协调，协作机制的改进都涉及职责导向与目标导向的争论。职责导向强调部门分工，目标导向强调部门协作。两者是辩证统一的，就流域水环境管理而言，后者有更明显的竞争优势。

4.3　加强市场经济宏观调控

我国通过实施水环境管理政策，能够从宏观上限制污染企业的污染物排放，降低进入水环境的污染物排放总量。水环境管理在政府宏观调控的基础上应用市场经济做导向，充分运用资源费、税收、补贴等手段限制排污企业的排污行为，提高环境污染成本，有效地控制污染源，正确地引导和激励各部门主体单位主动保护环境。相应地提高水价、排污费标准，以提高水资源的利用效率，减少污染物排放总量，并在一定程度上提高财政收入。合理利用市场经济杠杆调节作用，能够进一步提高流域水环境管理效率。目前，流域水环境经济调控手段有水权、取水和排污收费、生态补偿等。

4.3.1　水权管理和水价制度改革

与水资源有关的所有权利的总和统称为水权，包括行使水权的主体通过水而产生的权利、责任和义务，涵盖水资源的使用权以及所有权和水资源工程的所有权、经营权。在市场经济中，人们通过买卖和转让可将水资源重新进行分配，促使了水权市场的形成。不同部门和不同行业之间可以通过水权转让来增加双方效益，用水总量也能得到配置优化。不同用水部门是水权分配的利益主体，按不同用水部门进行水权分配，主要用水部门有农业用水、生活用水、生产用水以及其他部门用水；按区域分，包括流域的上下游以及各行政区对不同水源的分配；按不同用水的性质进行水权分配，主要包括水质、水能、水环境承载力等。美国建立了较为完善的滨岸权、先占权和综合水权制度，由于我国资源属于公有的，水权的限定范围仅涉及取水许可权、水资源所有权，我国禁止水权在市场经济中进行自由交易。2016 年 4 月，水利部颁布了《水权交易暂管办法》，于 2016 年 6 月建立了首个国家级的水权交易平台，我国水权交易步入合法化，个人和单位均可进行水权的有偿转让。

征收水资源费是调节水资源供需的有效经济手段，政府利用经济杠杆的调节作用引导公众和企业节约用水，缓解目前水资源紧张的状况。2006 年，我国颁布了《取水许可和水资源费征收管理条例》，明确支出征收水资源费的目的是水资源的保护和管理。2016 年 5 月，国务院颁布《水资源税改革试点暂行办法》，在河北省建立水资源税改革试点，明确规定了农业、城镇生活、工商业等多种部门的水资源税征收标准。我国根据取水用途及取水水源制定水资源税征收标准，其中，按用途划分，工业用水收费标准高于生活用水，农业用水费用最低，且大部分地区实施农业生产惠民政策，暂免或免征农业水资源费；按不同取水水源划分，地下水征收的水资源费高于地表水征收的水资源费，体现了国家对地下水的保护和合理开采。

为提高石羊河流域水环境管理效率，石羊河流域应建立完善的水权市场制度。从长远看，水权市场有利于促进节约流域水资源，缓解流域部门地区水资源短缺状况，有利于促进流域社会、经济及环境的可持续发展；流域存在众多行业企业，实行跨区域分配水资源是当地社会经济发展的内在需求，利用水权市场的先占原则，能够优先满足高效益、低污染行业企业的生产要求，推动当地经济的发展。以对国内流域水权交易的研究为依据，提出对石羊河流域水权市场建立的建议如下：

（1）石羊河流域管理局作为流域综合管理、制定流域性政策法规等的职能机关，同时负责流域水权的初始分配，具体包括区域水权交易、取水权交易、灌溉用水户水权交易。按照“已开发占有”“待分配”两种形式，将水权分配给各需水单位。初始分配后，获得水权的各单位或个人遵循市场经济的规则可将取水权有偿转让给他人，实现市场对水权的再分配。

（2）建立健全石羊河流域水权交易市场的监管机制。为保障水权市场的公平性和高效便捷性，首先，要建立交易计量监测设施，记录水权交易后水环境、水量状况，将其报送给地方人民政府水行政主管部门备案，并负责每年将上一年的水权交易情况报送国务院水行政主管部门。其次，加强参与水权交易的主体相关资料的审核，确认各水权交易主体是否具有水权转让和购买的资格，避免恶意骗取取水水权的行为发生，禁止无取水转让权的单位和个人进行水权交易。再次，加强对行政机关内部的监督管理，建立公开、透明的水权交易平台，该平台应定期公布水权交易双方信息材料以及交易的数量等。最后，对水权交易市场进行监管，防止出现互相竞价、过度炒作等扰乱市场经济秩序的行为。设立流域基金，调整季节性水资源量变化或突发事件对水权价格的影响，防止水价的过度波动，确保水权交易人的利益。

4.3.2 确立生态补偿制度

生态补偿来自于国际上的“环境服务补偿”，即人们通过修复已破坏的生态系统，或者通过建立功能相近的新的生态系统来弥补社会经济的发展对生态系统造成的破坏，从而保证生态系统的功能性和稳定性。保护补偿和污染赔偿是生态补偿的两种形式。其中，保护补偿是对保护生态环境、治理环境污染以及维护生态系统平衡产生的成本进行补偿；污染赔偿指的是对污染环境的行为征收排污费或者对破坏生态环境的行为进行罚款。流域生态补偿主要是为了处理上下游用水主体的协调关系，由于流域上游是水源地，承担对流域保护的大部分责任，流域上游生态环境保护成本往往要高于中下游地区的生态环境保护成本，再者，中下游地区也是流域生态系统保护的共同受益者。因此，流域中下游应该承担起流域上游生态保护部门的费用，以此对上游地区进行生态补偿。建立生态补偿制度的意义在于：能够利用市场经济调控，约束各生态使用部门的污染行为并激励各部门对生态环境保护的积极性。因此，流域生态补偿机制的建立将流域各用水部门形成利益共同体，能够促进从源头上控制污染行为，进而推进流域水环境管理的可持续发展。

石羊河流域建立生态补偿制度应首先明确流域生态补偿的主体和客体，其次制定流域生态补偿的标准，最后探讨流域生态补偿的基本途径。

4.3.2.1 明确流域生态补偿的主客体

石羊河流域生态补偿的主体是流域范围内所有工业、农业用水部门以及城镇生活用水部门等，包括所有在生活和生产过程中产生污染物并排放至环境中的个人、企事业单位和其他组织。流域生态补偿的客体是在流域内参与实施生态保护、维护生态系统的政府、个人及其他组织等，主要包括流域上游对流域生态环境进行保护的地区。

4.3.2.2 制定流域生态补偿的标准

根据石羊河流域水环境质量状况，建立石羊河流域污染成本的评估体系。根据流域相关水环境规划、《地表水环境质量标准》(GB 3838—2002)等对水质的要求和等级分类，结合地区社会经济发展的要求，流域上下游地区协商制定一般污染物或者是流域特征污染物的排污标准。建立每月定期考核的制度，对不达标的地区将征收生态补偿费，考核通过的地区将不进行补偿。生态补偿费的计算方法按式(4-1)、式(4-2)计算：

$$M = (q_{实际} - q_{标准}) \times B_{污染} \tag{4-1}$$

$$q_{实际} = Q_{测} \times C_{测} \tag{4-2}$$

式中　M——生态补偿费用，有正负之分，万元；

$q_{实际}$——地区边界监测断面特定污染物排放量，kg；

$q_{标准}$——相邻两个地区制定的监测断面最大允许污染物排放量，kg；

$B_{污染}$——某种污染物治理的成本，kg/万元；

$Q_{测}$——监测断面实际水量，m^3；

$C_{测}$——监测断面实测污染物浓度，mg/L。

4.3.2.3　探讨流域生态补偿的基本途径

生态补偿的主要途径包括物质补偿、政策补偿、援助补偿等。

1. 物质补偿

资金补偿和实物补偿是物质补偿的主要形式，即对补偿的客体给付资金，给予环境保护建设项目资金支持，推动环境保护的工作顺利进行。资金支付的方式有直接、便捷的特点，除了现金支付，资金补偿的方式还有借贷、税收、贴息等。实物补偿是指补偿客体的形式为劳动力、土地等生产资料，如提供共同建设环境保护项目的土地等。

2. 政策补偿

综合考虑地区对水环境管理的实际需求，考虑补偿客体的切身利益，在满足取水许可或水权交易资格的条件下，可以享受优先分配权等优惠的政策。研究表明，流域实行政策补偿和资金补偿两种方式相结合，有利于实现流域各受偿地区利益的最大化。

3. 援助补偿

流域的补偿者可以利用本地区的优势，采用技术支持或者提供援助服务的方式进行补偿。

4.4　构建公众参与模式

就石羊河流域水环境管理而言，社会公众参与的弱点主要在于参与不足。所谓参与不足，是指社会公众在公共事务方面没有充分发挥表达利益诉求、参与决策和监督等作用。社会公众参与不足的原因是多方面的，比如社会参与渠道有限、公众参与意识和能力较低、政府对公众参与反应冷淡等。

我国流域水环境管理中的公众参与制度比较有限，尤其是与流域水环境管理密切的利益相关者参与更有限，比如河流沿岸的农村居民以及靠捕鱼为生的渔民等群体。日常见诸报端的社会公众参与更多的是专家学者的参与、环境保护非政府组织的参与,以及新闻媒体的舆论监督等。这些社会主体的参与当然属于社会公众参与范畴,然而与那些利益相关的流域水环境管理中,地方政府间竞争与合作的主体是地方政府,社会公众只承担着表达利益诉求的功能。

因此如何界定社会公众在地方政府间关系中的地位并发挥其积极作用,并不是一个简单的问题。首先,必须要让社会公众的利益诉求得到地方政府的关注,并对地方政府产生影响;其次,社会公众参与不应干扰地方政府在自身职权范围内处理与其他政府间的关系。这两个原则实质上分别是针对社会公众参与不足和社会公众参与过度而言的。就我国流域水环境管理而言,社会公众参与的弱点主要在于参与不足。所谓参与不足,是指社会公众与管理者比较,他们比较属于"外部人",只有那些深受流域水环境污染影响的社会群体才应该更多地参与环境管理。

处理地方政府间在流域水环境管理中的关系时,必须防止地方社会公众过度参与行为。所谓过度参与,就是地方公众对地方政府间关系的参与超越了合理合法的界限,导致不合意的结果。

一般来说,地方公众的过度参与根源于地方政府的行政不作为。因此,地方公众的过度参与是地方政府的失职所在。地方社会公众的过度参与一般出现在流域水环境利益冲突恶化时。比如某两省的水污染纠纷问题,社会公众直接越过政府交涉,通过非法手段解决地方利益纠纷。只要地方政府能够密切关注流域水环境管理问题,并且积极主动与社会公众沟通协商,必定能够避免社会公众的过度参与,导致地方社会公众之间不必要的冲突。

地方政府应当在社会公众参与限度方面发挥积极作用,而不应当回避甚至躲避公众参与问题。地方政府的积极态度一般会得到社会公众的良好反响。调查发现,流域水环境污染之初,地方公众都会积极地向地方政府反映污染事件。若地方政府没有对污染事件做出有力的处置,就会使得地方公众对地方政府的处置能力和价值取向产生怀疑,进而产生政治参与冷漠;若地方政府能够对地方公众的参与给予积极反馈时,社会公众参与就会明显积极起来,哪怕只是一些新闻媒体的关注或学者的调查,也能激发他们参与的积极性。然而正如前文所述,地方公众参与毕竟只是参与,不能代替政府做出决策和承担责任。

地方政府应当把握好地方参与的限度,避免过度参与造成不必要的损失。

地方社会公众限于知识信息的局限而无法直接参与流域水环境治理的技术性细节工作。然而他们能够对自身的利益诉求做出准确的判断,因为“每个人都是他自身利益的最好决定者”。在制定流域水环境管理政策的阶段,必须主动邀请地方社会公众充分参与进来,发表自己对于环境管理标准、政策措施的意见和建议。根据我国历次改革实践的经验,地方公众当中必定蕴藏着改善流域水环境管理中地方政府间关系的奇策良谋。在流域水环境管理政策执行的监督阶段,地方社会公众的参与是非常关键的。实际上,最有效的监督就是公众监督,公众是最关心自己利益的,如果能够把监督过程与公众自身利益结合,就能找到监督流域水环境管理的优良制度。

4.5　完善水环境管理法律体系

目前石羊河流域水环境管理主要法律依据有《中华人民共和国水法》《中华人民共和国水污染防治法》《中华人民共和国水土保持法》《中华人民共和国防洪法》4 项基本法和其他一些相关的标准及法律依据。

2016 年 4 月,水利部颁布了《水权交易管理暂行办法》,水权转让在我国合法化。该办法明确了区域及灌溉用水户水权交易及取水权交易对象和程序等。2016 年 7 月,国务院总理李克强签署国务院令,通过了《农田水利条例》,本条例确定了农田灌溉用水合理价格,推行有偿使用、计量收费,严格控制和促进合理利用农田排水,减少化肥农药等面源污染源对环境造成污染。

石羊河流域管理部门在贯彻实施国家水环境保护相关法律法规的同时,针对流域的现状和问题,制定有效的水环境管理的法律体系,如提高化工企业污染物排放标准,制定工业用水、农业灌溉用水、生活用水的水资源费征收标准等。管理部门应当切实综合各个方面的水环境管理需求,从根本上制定出适应石羊河流域自身的法律监督管理体系,做到依法治水、依法管水,以此来确保水环境的健康良性发展。

第5章 石羊河流域地下水超采区评价与划分

5.1 概　述

5.1.1 流域地下水开采现状

2016年石羊河流域地下水总开采量为7.481 7亿 m^3,其中,平原区地下水开采量为6.980 0亿 m^3。景电古浪灌区、大靖灌区开采强度小于1万 m^3/km^2;古浪灌区、西营灌区、黄羊灌区、西河灌区、东河灌区、红崖山灌区、昌宁灌区开采强度为1~5万 m^3/km^2;金塔灌区、杂木灌区、四坝灌区、南湖灌区、金川灌区开采强度为5~10万 m^3/km^2;环河灌区开采强度为10~20万 m^3/km^2;清源灌区、邓马营湖灌区、清河灌区开采强度为20~30万 m^3/km^2;永昌灌区、金羊灌区开采强度大于30万 m^3/km^2。平原区各灌区地下水开采情况见表5-1。

表5-1　各灌区地下水开采情况一览

行政区	灌区	开采井数（眼）	计算面积（km^2）	开采量（万 m^3）	开采强度（万 m^3/ km^2）
古浪县	景电古浪灌区	353	416.91	334.18	0.80
	大靖灌区	35	154.96	11.08	0.07
	古浪灌区	606	494.65	744.67	1.51
凉州区	西营灌区	96	541.03	994.26	1.84
	金塔灌区	91	133.81	856.50	6.40
	杂木灌区	498	336.04	2 305.23	6.86
	黄羊灌区	195	366.02	1 535.84	4.20
	永昌灌区	1 161	222.08	8 774.29	39.51
	金羊灌区	1 189	250.87	8 860.06	35.32
	清源灌区	1 485	414.07	9 461.49	22.85
	邓马营湖灌区	201	60.92	1 484.09	24.36

续表 5-1

行政区	灌区	开采井数（眼）	计算面积（km^2）	开采量（万 m^3）	开采强度（万 m^3/ km^2）
永昌县	西河灌区	106	512.55	921.85	1.80
	四坝灌区	109	112.92	686.09	6.08
	东河灌区	217	511.91	1 345.34	2.63
	清河灌区	1 213	444.30	12 209.12	27.48
民勤县	南湖灌区	417	133.96	1 124.05	8.39
	环河灌区	859	110.20	1 820.55	16.52
	红崖山灌区	8 230	1 738.79	7 069.36	4.07
	昌宁灌区	936	453.46	815.38	1.80
金川区	金川灌区	1 768	1 206.16	8 447.19	7.00
合计		19 765	8 615.61	69 800.62	

5.1.2　地下水超采区可开采量评价方法

目前我国对地下水可开采量的定义如下：地下水可开采量是指在可预见的时期内，通过经济合理、技术可行的措施，在不引起生态环境恶化的条件下从含水层中获取的最大水量。实际开采量应小于可开采量，否则会引起地下水位持续下降、水质恶化等一系列生态环境问题。而可开采量的大小是由地下水的总补给量和储存量的大小决定的，同时还受技术经济条件的限制。

地下水可开采量中的天然排泄部分应尽可能地截取，但应考虑部分天然排泄量已经被利用的实际情况。由于近一二十年上游不断增加开采量，使泉流量显著减少，不少已经枯竭，造成生态退化。为此，在评价可开采量时应考虑不能使泉水枯竭，要保持部分泉水溢出。但只要天然排泄量尚未加以利用，甚至白白耗掉，就尽可能以天然排泄量作为开采截取量。北盆地的潜水蒸发量，应最大限度地截取，同时还能有效减少土壤的含盐量。

可开采量中可动用储存量应慎重确定，首先要看永久储存量有多大，然后看现时的技术设备最大允许降深是多少，开采是否经济可行，最后算出从天然低水位至允许最大降深动水位这段含水层中的储存量，按 100 年或 50 年的开采期平均分配到每年的可开采量中，作为允许开采量的一部分。

对于单元含水层（组）来说，人工开采地下水时，增加了一个经常定量的地下水排泄点，改变了地下水的天然排泄条件，使地下水运动流场也发生变化，即在天然流场上又叠加了一个人工流场，既破坏了补给消耗之间的天然动平衡,又力图建立新的、开采状态下的动平衡。在开采最初阶段,由于增加了一个人工开采量,必然使地下水的储量减少,使开采地段水位下降。开采状态下的水均衡方程为:

$$Q_{补} - Q_{排} - Q_{开} = -\mu F \frac{\Delta H}{\Delta t} \tag{5-1}$$

式中 $Q_{补}$——总补给量,m^3/a;

$Q_{排}$——总排泄量,m^3/a;

$Q_{开}$——实际开采量,m^3/a;

$\mu F \frac{\Delta H}{\Delta t}$——单位时间内单元含水层中蓄水量的变化量,$m^3/a$;

μ——平均给水度;

F——含水层面积(或均衡区面积),m^2;

ΔH——水位变幅,m;

Δt——均衡期时间(一般以年为单位),a。

将式(5-1)变形得可开采量计算公式,即:

$$Q_{开} = Q_{补} - Q_{排} + \mu F \frac{\Delta H}{\Delta t} \tag{5-2}$$

由式(5-2)可见,单元含水层(盆地)可开采量是由三部分组成的,即:

(1)各项补给量之和 $Q_{补}$;

(2)各项排泄量的总和 $Q_{排}$;

(3)单位时间内均衡区内水体积的变化量 $\mu F \frac{\Delta H}{\Delta t}$。

明确了开采量的组成,就可以按各个组成部分来确定可开采量。石羊河流域目前在确定允许开采量时,主要考虑以下两个条件:

(1)采补平衡,根据目前石羊河流域重点治理规划的要求,地下水位要逐步上升;

(2)不能过多截取天然排泄量中的泉水溢出量,要保证蔡旗断面规定的过水量。

由于"石羊河流域重点治理规划报告"和"甘肃省石羊河流域水资源分配方案及2005~2006年度水量调度实施计划"已经对石羊河流域各市、县(区)的地下水开采量(民勤县潮水东盆地的地下水可开采量采用"潮水东盆地地下水资源调查评价报告")进行了确定,所以本书在进行地下水可开采量的评价时,各行政区和敏感灌区的地下水可开采量采用前述已经确定的数值,见表5-2。

表5-2　石羊河流域各行政区地下水补给量和可开采量统计

地级行政区	县级行政区	控制面积（km^2）	地下水总补给量（万 m^3）	地下水资源量（万 m^3）	纯地下水资源量（万 m^3）	地下水可开采量（万 m^3）
武威市	古浪县	886.15	9 176.33	8 516.50	1 328.21	5 200.00
	凉州区	2 288.94	51 567.02	44 428.77	7 761.87	36 642.00
	民勤县	4 764.53	36 142.37	26 351.29	14 441.01	18 910.00
	小计	7 939.62	96 885.72	79 296.56	23 531.09	60 752.00
金昌市	永昌县	1 755.61	23 490.15	20 988.58	2 438.50	13 360.00
	金川区	611.79	8 677.14	5 639.54	494.64	5 640.00
	小计	2 367.40	32 167.29	26 628.12	2 933.14	19 000.00
合计		10 307.02	129 053.01	105 924.68	26 464.23	79 752.00

2016年石羊河分区地下水资源总量12.818 9亿 m^3，其中山丘区为6.677 9亿 m^3，平原区为10.843 5亿 m^3，平原区与山丘区地下水资源重复计算量4.702 5亿 m^3。扣除分区地下水与地表水资源量间重复计算量10.754 9亿 m^3，石羊河流域地下水净资源量为2.064 0亿 m^3。

5.2　超采区的定义

根据《地下水超采区评价导则》（SL 286—2003）（以下简称《导则》）中的定义可知，地下水超采区是指在某一范围内，在某一时期，地下水开采量超过了该范围内的地下水可开采量，造成地下水位持续下降的区域；或指某一范围内，在某一时期，因过量超采地下水而引发了海水入侵、泉水流量衰减、水质恶化、地面塌陷等环境地质灾害或生态环境恶化的区域。

5.3　地下水超采区划分

5.3.1　划分依据和标准

地下水开采量超过可开采量，造成地下水位呈持续下降态势，或因开发利用地下水引发了环境地质灾害或生态环境恶化现象，是判定地下水超采的依据。

以评价期内年均地下水位下降速率、评价期内年均地下水开采系数、地下水位累计降幅或疏干率(与 2001 年相比)、地下水开采诱发的环境地质灾害或生态环境恶化问题共 4 项作为主要衡量指标,按照《地下水超采区平均导则》(SL 286—2003)划分为一般超采区、严重超采区,并在严重超采区中划定禁采区。

甘肃省地下水超采区分级标准见表 5-3。

表 5-3　甘肃省地下水超采区分级标准

指标名称	超采区分级		
	一般超采区	严重超采区	禁采区
超采系数(k)	$0<k\leqslant0.3$	$k>0.3$	
地下水位下降速率(v)(m/a)	$0<v\leqslant1.0$	$v>1.0$	水位低于目标含水层(组)厚度的 4/5
泉流量衰减率 u		$0.1<u\leqslant0.6$	$u>0.6$,或年均累计停止喷涌时间多于 100 d
地面塌陷		100 km^2 面积上年均地面塌陷点多于 2 个,或坍塌岩土的体积大于 2 m^3 的地面塌陷点年均多于 1 个	100 km^2 面积上年均地面塌陷点多于 10 个,或坍塌岩土的体积大于 2 m^3 的地面塌陷点年均多于 5 个
地裂缝		100 km^2 面积上年均地裂缝多于 2 条,或同时达到长度大于 10 km 的地裂缝年均多于 1 条	100 km^2 面积上年均地裂缝多于 10 条,或同时达到长度大于 10 km 的地裂缝年均多于 5 条
地面沉降			最大累计地面沉降量大于 2 000 mm
地下水水质		污染后的水质劣于污染前 1 个类级以上,或已不能生活饮用	污染后的水质达到Ⅴ类
土地沙化		引起土地沙化现象	原野荒芜造成植被覆盖率减少 50% 以上

5.3.2 划分方法

超采区划分方法主要包括水位动态法、开采系数法和诱发问题法三种。进行超采区划分时,应根据实际情况选择适合的划分方法,三种方法应互相补充、相互校验。

(1)水位动态法:以地下水位年均下降速率或累计降幅(或疏干率)为评判指标进行超采区划分的方法。按评价期内地下水位年均下降速率的大小,可将超采区进一步划分为严重超采区和一般超采区。

(2)开采系数法:以地下水开采系数为评判指标进行超采区划分的方法。根据评价期内地下水开采系数的大小,可将超采区进一步划分为严重超采区和一般超采区。

(3)诱发问题法:以地下水开采诱发的生态与环境地质问题为评判指标进行超采区划分的方法。根据开发利用地下水诱发的生态与环境地质问题的严重程度将超采区进一步划分为严重超采区和一般超采区。

5.3.3 划分步骤

地下水位动态变化情况是地下水是否超采的最直接、最客观的反映。进行超采区划分时,宜首先采用水位动态法进行划分,如果工作范围内部分或全部地区的水位动态监测资料不能满足划分要求,则在该地区使用开采系数法进行补充划分,同时在整个工作范围内,使用诱发问题法依据划分标准合理划分地下水超采区;然后对上述三种方法划分的超采区域进行整合,围括面积最大的、具有封闭边界的超采区域为一个独立的超采区,最后绘制相应图件。

进行超采区划分时,首先在各独立的基本工作单元内开展工作,再按不同含水层和所处地理位置,分别对各基本工作单元划分的超采区进行对接整合,完成超采区划分。

水位动态法、开采系数法和诱发问题法分别按照下述步骤和要求开展划分工作。

5.3.3.1 水位动态法

1. 划分基本工作单元

在充分收集和分析石羊河流域水文地质条件、地下水资源及其开发利用情况的基础上,确定工作范围、工作分区、主要目标开采含水层位,划分基本工作单元。

(1)根据多年来地下水实际开采情况确定工作范围,将主要的地下水开发利用地区圈定为本次超采区划分的工作范围，在工作范围内开展超采区划分与评价工作。

(2)以水文地质单元套县级行政区作为工作分区，水文地质单元的选取应与以往工作相衔接。

(3)确定各工作分区的主要目标开采含水层位，工作分区套目标含水层即为基本工作单元。含水层选为潜水含水层。

(4)对基本工作单元进行编码。编码由6位行政分区代码、2位水文地质单元代码和1位地下水类型区代码组成，其中行政区编码按照《中华人民共和国行政区划代码》(GB/T 2260—2017)填写。若无某一项时，则对应代码填0。

2. 选取典型监测井，统计水位

(1)选取甘肃省水文水资源局、石羊河流域管理局、民勤县水务局以及甘肃省地质矿产勘查开发局水文地质工程地质勘察院的多年地下水监测资料。

(2)以历年监测资料和相关研究成果、统计资料为基础，确定初始水平年、现状水平年，计算评价期内地下水埋深年均下降速率、累计变幅等。

①将各基本工作单元内初始水平年地下水埋深资料进行算术平均，得出该工作单元初始水平年地下水埋深值；资料缺乏的地区参照水文地质条件相似的相邻地区地下水埋深数据。

②初始水平年地下水埋深值采用年初的值。

③现状水平年地下水埋深值采用年末的值。

④评价期内年均地下水位埋深下降速率按式(5-3)计算：

$$v = \frac{Z_1 - Z_2}{12} \tag{5-3}$$

式中 v——年均地下水埋深下降速率，m/a；

Z_1——初始水平年年初地下水埋深，m；

Z_2——现状水平年年末地下水埋深，m。

⑤地下水埋深累计变幅按式(5-4)计算：

$$\Delta Z = Z_0 - Z_2 \tag{5-4}$$

式中 ΔZ——地下水埋深累计变幅，m；

Z_0——初始水平年年初地下水埋深，m；

Z_2——现状水平年年末地下水埋深，m。

3. 划分超采边界

根据水位年均下降速率、累计变幅情况，按超采区划分标准圈定不同类型和不同含水层组地下水超采区边界；在划出的超采区边界内，根据严重超采区划分标准，划分出严重超采区边界；将同一含水层相邻的超采区合并处理。

5.3.3.2　开采系数法

1. 划分基本工作单元

一般情况下，以县级行政区作为开采系数法的工作分区，工作分区套含水层组作为基本工作单元。在采用水位动态法划分超采区过程中，当局部地区水位资料不能满足要求时，也可将此局部地区作为一个独立的工作单元，采用开采系数法划分超采区。

2. 确定开采系数

(1)以全国水资源综合规划成果为基础，统计计算各基本工作单元地下水补给量和可开采量。

(2)在前期资料收集的基础上，进行必要的补充调查，统计评价期内各基本工作单元地下水资源各年实际开采量。

(3)根据统计结果，计算各基本工作单元评价期内地下水年均开采系数，并绘制地下水开采系数分布图。

评价期年均地下水开采系数可按式(5-5)计算：

$$K = \frac{Q_{实开}}{Q_{可开}} \tag{5-5}$$

式中　K——年均地下水开采系数；

$Q_{实开}$——评价期内年均地下水实际开采量，万 m^3；

$Q_{可开}$——评价期内年均地下水可开采量，万 m^3。

3. 划分超采边界

按照超采区划分标准，在地下水功能区一级开发区中圈出地下水超采区；在此超采区内，依据严重超采区划分标准，划分严重超采区；将同一含水层组相邻的超采区进行合并处理。

5.3.3.3　诱发问题法

在工作范围内，依据划分标准，按地下水开发利用诱发的植被枯亡、土地沙化、水质恶化、泉水流量衰减等环境地质灾害或生态恶化问题的严重程度，合理圈定超采区边界。在划出的超采区边界内，根据严重超采区划分标准，划分出严重超采区边界。

(1)年均泉水流量衰减率可按式(5-6)计算：

$$v_{泉} = \frac{Q_{t_1} - Q_{t_2}}{Q_{t_1}\,|\,t_2 - t_1\,|} \tag{5-6}$$

式中 $v_{泉}$—— t_1 ~ t_2 年年均泉水流量衰减率；

Q_{t_1} —— t_1 年年均泉水流量，m^3/s；

Q_{t_2} —— t_2 年年均泉水流量，m^3/s；

t_1 ——初始计算年份；

t_2 ——截止计算年份。

（2）参照《地下水质量标准》（GB/T 14848—2017），采用单指标法确定地下水水质的类别。

5.3.4 超采区分类、分级、命名与编码

对经过整合划分完成的超采区按规定命名。对超采区个数、面积、分布、类型等基本情况进行统计汇总。

5.3.4.1 分类

（1）根据地下水开采目标含水层组的地下水类型，将地下水超采区划分为孔隙水超采区、裂隙水超采区和岩溶水超采区三类；

（2）根据松散岩土含水层组在垂直方向上分层发育的特征和径流条件，将孔隙水超采区自上而下划分为浅层地下水超采区和深层承压水超采区；

（3）根据地下水的水力特征，将超采区划分为潜水超采区和承压水超采区。

5.3.4.2 分级

根据地下水超采区面积大小不同，将地下水超采区划分为四级：特大型（超采区面积不小于5 000 km^2）、大型（超采区面积介于5 000 km^2 和1 000 km^2，包括1 000 km^2）、中型（超采区面积介于1 000 km^2 和100 km^2，包括100 km^2）和小型（超采区面积小于100 km^2）。

5.3.4.3 命名

超采区命名采用行政区名称、超采区类型、超采区级别进行联合命名。

在确定地下水超采区的名称时，要求标示该地下水超采区分布范围所属行政区名称。用于命名的行政区级别以能区分不同超采区为准。超采区类型分为潜水超采区、弱承压水超采区和深层承压水超采区。级别分为特大型、大型、中型和小型。

5.3.4.4 编码

地下水超采区的编码统一采用6位阿拉伯数码。前2位数码表示省（自治区、直辖市）名称；第3位数码表示地下水超采区所在含水层的赋存条件，（“1”表示孔隙水，“2”表示岩溶水，“3”表示裂隙水）；第4位数码表示地下水

超采区所在含水层的埋藏条件（“1”表示潜水含水层超采区，“2”表示弱承压水含水层超采区，“3”表示深层承压水超采区）；第 5、6 位数码表示省（自治区、直辖市）内同一种类地下水超采区的序号。

地下水超采区的编码前 2 位数码按《中华人民共和国行政区划代码》（GB/T 2260—2017）执行。

5.4　地下水超采区评价成果

利用实测、调查资料，根据前述地下水超采区划分方法与标准，对全流域地下水超采区以县级行政区为基本管理单元进行划分，全流域共划分出地下水超采区 10 个，超采面积 6 890.69 km^2。按严重程度划分，均为一般超采区。按超采面积大小划分，小型超采区 1 个，超采面积 47.79 km^2，占总超采面积的 0.7%；中型超采区 7 个，超采面积 2 790.5 km^2，占总超采面积的 40.5%；大型超采区 2 个，超采面积 4 052.4 km^2，占总超采面积的 58.8%。在禁采区划分中，因水质较差不能用于农业生产而需要禁采的区 1 个，相应禁采区面积 301.39 km^2；因地下水功能区划中划定的生态脆弱区 9 个，相应面积 361.16 km^2。

第 6 章　石羊河流域地下水管理评估体系构建

地下水超采区管理工作评价体系是为了正确认识地区的地下水资源管理工作水平、及时掌握地下水超采区管理工作动态而提出的一种地下水管理辅助评估体系。该体系的建立,有利于主管部门及时总结地下水管理工作中的薄弱环节、明确未来的工作重点;有利于加强自我监督,提高管理工作的针对性和实效性;有利于强化对地方地下水管理工作的监督指导作用,促进管理保护工作更深入、有效的开展。

6.1　地下水管理评估指标确定和说明

6.1.1　指标选取原则及筛选

本章在分析国内外地下水资源管理工作、评价研究进展的基础上,以服务地下水管理工作为目标,以地下水管理工作的阶段性、层次性和区域性特征为基础,结合当前地下水管理工作目标和要求以及以后的发展趋势和先进理念,尊重区域社会经济发展规律和地下水变化规律,建立一套具有科学性、实用性和可操作性的地下水管理工作评价指标体系,以全面反映、表征地下水管理工作的内容、目标和绩效,正确、客观认识地下水管理的工作水平,科学指导地下水管理和保护工作,提高管理部门的管理能力。

6.1.1.1　选取原则

构建一套科学合理的地下水管理工作评价指标体系,是有效考核地下水管理工作真实水平的重要依据和前提条件。由于地下水管理工作评价问题比较复杂,涉及资源、社会、经济、环境等各个领域,以及地下水开发利用、设施建设、工程投入、监督管理、治理保护、宣传教育等各个方面,且每个领域和方面都相互联系、相互影响,仅采用一个或者几个指标难以对地下水资源管理工作做出客观、全面的评价,所以需要建立一套科学、系统、可操作性强的地下水管理工作评价指标体系。本书从地下水管理工作评价的目的和要求出发,来构建地下水管理工作评价指标体系,在指标筛选时主要遵循以下原则。

1. 科学性和目的性兼备的原则

所选指标应概念清晰、意义明确,并且符合地下水管理工作评价的目的和要求。从评价指标反映的内涵来看,所选指标应能反映出地下水管理某一方面的相关内容,而不能将与评价内容无关或关联性不强的指标筛选进来,指标选取的科学性和目的性是非常重要的。

2. 全面性和代表性相结合的原则

在选择指标时,既要尽可能覆盖评价对象的各个方面,尽量反映出地下水管理工作的全部内容,但又不能为了追求指标体系的全面性而设置过多的指标,使评价工作过于烦琐复杂。因此,应在考虑全面性的基础上选择具有代表性的指标来反映评价内容。

3. 可操作性和实用性兼备的原则

选取的指标应尽可能地通过可靠的计算方法或手段来获取,尽量减少难以量化或者定性的指标数量,在量化时易于操作。同时,所建立的指标体系要与地下水管理工作实际相结合,可真正用于地下水管理工作的考核和评价。

4. 定性和定量相结合的原则

在构建地下水管理工作评价指标体系时,应尽量选择可量化的指标以便能够比较客观地反映区域的地下水管理工作现状。然而,对于有些反映重要评价内容但难以量化的指标,只能通过定性分析进行描述。因此,需采取定性指标和定量指标相结合的方式,以求能够全面、客观地反映地下水管理工作的评价内容。

5. 整体性与针对性相结合的原则

指标体系是一个不可分割的整体,用来反映区域地下水管理工作的整体水平。不同地区的地下水管理工作目标和要求不同,因此在选取指标时,还要与地区实际情况相结合,要具有针对性,不能一概而论。

6.1.1.2　指标筛选

评价指标选取得是否合理,将直接影响最终评价计算结果的合理性,因此在构建地下水管理工作评价指标体系时,评价指标在尽可能全面反映地下水管理工作的同时,数量也要适中。评价指标太多,虽然能更全面地表征地下水管理工作的内容,但指标之间相似关系较大,出现重复,且计算烦琐,实用性和可操作性不强;而指标太少,则缺乏足够代表性,不能较完全表征所要评价的内容。

一般情况下,为了能更全面地描述评价对象,初步建立的评价指标体系中指标间应尽可能存在一定程度的相关关系,反映的内容会有重复或重叠。如果指标体系中存在着高度相关的指标,将会影响评价结果的客观性和合理性。因此,需要对初步构建的评价指标体系进行进一步筛选,删除具有明显相关性的次要指标,使构建的指标体系兼具完备性和独立性。指标在进行筛选时,应在遵循指标科学性、目的性、全面性、代表性、可操作性等原则的基础上,统筹全局,理清指标间的层次和隶属关系。在具体构建地下水资源管理工作指标体系时,主要遵循以下步骤:

(1)根据地下水管理工作评价的目的和内容,分模块、分层次构建地下水资源管理工作评价指标体系框架。一般根据实际情况,将其分为三个或四个层次。

(2)对每个模块、每个层次进行全方位定位,尽可能多地选择指标,防止由于漏选指标而无法全面反映评价的对象或内容。该步骤是对最终确立的指标体系进行指标筛选和分析的前提。

(3)对初步选取的指标进行科学性和合理性分析,删除明显不合适或重复的指标,实现对所构建的地下水管理工作评价指标体系的初步筛选。

(4)根据评价指标的定义和内涵,对指标进行进一步的独立性和相关性分析,删除密切相关的指标,选取一些具有一定的代表性、能包含足够多信息的指标来反映地下水管理工作的实际情况。基本思路是先计算指标之间的相关系数,然后根据实际情况确定相关系数的临界值,如果两个或多个指标的相关系数大于临界值,则保留较能体现地下水资源管理工作评价内容及目的的指标,删除其他相关系数较大的指标;若指标的相关系数值小于确定的临界值,则所有指标均保留。

(5)在以上基础上,进一步征求地下水研究领域的专家和地下水资源管理工作者的意见,对指标进行微调,最终确立地下水管理工作评价指标体系。

管理措施模块主要是针对管理部门在地下水管理工作中所施行的政策及对地下水状况进行监测采取的各种措施。措施实行模块反映了管理部门通过加强基础设施建设,对地下水使用的管理措施,实现管理的现代化。管理成果模块反映了管理部门通过组织、实施各种地下水管理保护措施和手段后所取得的效果或成绩,该模块主要考虑地下水管理的结果,而不考虑其具体实现过程。

6.1.2 指标选取与说明

根据前述地下水管理工作评价指标体系的构建原则和方法对各项指标进行了筛选,最终确立了地下水管理工作评价指标体系。选用的各指标内涵及说明如下所述。

6.1.2.1 地下水监测井密度

监测井在超采区管理工作中起到支撑性作用，是了解超采区地下水位、地下水质动态变化的重要设施。建立完善的地下水动态监测体系不仅能为地下水管理提供科学有效的基础数据，也是地下水管理措施是否有效的检验器。地下水监测井的布设是否满足相关规范直接影响地下水管理工作的合理性，监测井布置得合理与否直接影响管理工作方向的准确性。在我国，常用的地下水监测井密度的表示方法是：平均每平方千米所拥有的井数，这种表示方法便于勘探工作的部署与分析。计算公式为：

$$\text{地下水监测井密度} = \frac{\text{监测井总数}}{\text{地下水超采区总面积}} \tag{6-1}$$

我国常用的监测井密度表示方法为每 100 km^2 中所布设的监测井数，即单位为眼/100 km^2，一般国家级地下水监测点网密度不少于每 100 km^2 有 0.1 眼井，每个县应有 1 ~2 眼井，平原（含盆地）地区一般为每 100 km^2 有 0.2 眼井，重要水源地或污染严重地区适当加密。目前世界上地下水监测网密度最高的国家是荷兰，平均每平方千米就有 1 个站点，在评分标准中应努力向监测站完备的国家看齐。

6.1.2.2 有效数据监测率

现在有许多地方虽有监测网的覆盖，但在实际监测和操作过程中，有些数据很难获取或根本获取不到，而监测资料收集的有效性是监测结果的重要保障，需要通过有效数据的监测率来评估，且应对该指标有较高的要求，力争达到 95% 以上，否则说明建立的监测井不能完全发挥它的作用，监测的数据也不能保证正确率，不仅会影响工作效率和准确性，还会浪费财力、物力。计算公式为：

$$\text{有效监测率} = \frac{\text{有效监测井数}}{\text{监测井总数}} \tag{6-2}$$

6.1.2.3 法律法规与规章制度

法律法规与规章制度是地下水超采区管理的“上层建筑”，主要包括政府为超采区治理颁布的相关法律法规及其配套管理制度等，如地下水禁采限采制度、地下水调配制度、地下水开发利用制度、地下水保护制度、奖惩制度、地下水评价机制建设制度等。可根据法律法规体系及其配套政策是否完善、是否有效执行、执法力度和执法队伍等情况对该指标进行定性的评估。

6.1.2.4 地下水取水许可率

地下水取水许可率是指区域内拥有地下水取水许可单位占全部地下水取

水单位总数的比例，其计算公式为：

$$\text{地下水取水许可率} = \frac{\text{拥有地下水取水许可单位}}{\text{全部地下水取水单位总数}} \tag{6-3}$$

该指标主要用来反映地下水取水管理状况。

6.1.2.5 地下水取水计量设施安装率

地下水取水计量设施安装率是指区域内所有地下水取水工程中已安装计量设施的比例，其计算公式为：

$$\text{地下水取水计量设施安装率} = \frac{\text{已安装计量设施的地下水取水工程数}}{\text{所有地下水取水工程数}} \tag{6-4}$$

该指标是反映地下水取水管理程度的重要指标。

6.1.2.6 万元 GDP 用水量

万元 GDP 用水量是指总用水量与 GDP 的比值，其计算公式为：

$$\text{万元 GDP 用水量} = \frac{\text{总用水量}}{\text{GDP}} \tag{6-5}$$

该指标可间接反映区域地下水资源的利用水平，特别对于地表水相对缺乏的地区是个关键性指标。

6.1.2.7 地下水位变化

地表以下一定深度，岩石中的空隙被重力水所充满，这些重力水形成的自由水面的深度即为地下水位。水位是制约地下水超采的核心，因为地下水超采区的变化程度和趋势能够通过水位变化来反映，所以地下水位的年均变化是反映地下水超采区治理效果的重要指标。

6.1.2.8 地下水水质情况

地下水不仅是重要的供水水源，而且是维持生态系统良性运转的关键因素。地下水一旦受到污染，对人类身体健康的影响和环境的破坏也十分深远。因此，为防止地下水水质恶化对环境造成负面影响，必须时刻关注地下水水质情况。本书根据《地下水质量标准》(GB/T 14848—2017)监测结果对水质情况进行打分。

6.1.2.9 平原区地下漏斗面积

地下漏斗就是某地区因地下水被过度开采，导致地下水饱和水面(也叫潜水面)以采水点为中心，四周向中心呈梯度下降的现象。漏斗面积的变化也可反映出地下水的变化状况，其计算公式为：

$$S = \frac{S_2 - S_1}{S_1 N} \times 100\% \tag{6-6}$$

式中　S——漏斗面积年均变化率(%);

S_2——评价年漏斗面积,m^2;

S_1——基准年漏斗面积,m^2;

N——评价年与基准年年份差,a。

6.1.2.10　地下水开采量占总供水量的比例变化

地下水开采量占总供水量的比例可以反映出地下水开发利用现状。根据《中国水资源公报》,2014 年南方省份地表水供水量占其总供水量比重在 86%以上,而北方省份则是地下水供水量占有相当大的比例,其中河北、河南、北京、山西和内蒙古 5 个省(自治区、直辖市)地下水供水量占总供水量约一半以上,而地下水供水量占总供水量比例较大的地区普遍地下水超采也比较严重。这个指标可以反映出地下水的开采情况。计算公式为:

$$N = \frac{W'_k}{W'_g} - \frac{W_k}{W_g} \tag{6-7}$$

式中　N——地下水开采量占总供水量的比例(%);

W'_k——评价年地下水开采量,m^3;

W'_g——评价年总供水量,m^3;

W_k——基准年地下水开采量,m^3;

W_g——基准年总供水量,m^3。

6.2　权重及评分标准的确定

6.2.1　指标权重的确定

6.2.1.1　赋权方法

1. 主观赋权法

主观赋权法主要是专家对各个指标进行重要程度的比较,从而确定各个指标的权重。常用的主观赋权法有专家调查法、9 级标度法、序关系分析法等。主观赋权法的优点是专家可以具体情况具体分析,为更重要的指标赋予更大的权重,不会出现指标权重与指标实际的重要程度完全相反的情况。主观赋权法的缺点是权重都是人为给定的,评价结果的主观随意性较强,受人为的影响较大,有很大的局限性。

2. 客观赋权法

客观赋权法主要是依据测量的数据之间的关系得到权重,主要的客观赋权法包括主成分分析法、熵值法等。在客观赋权法中,指标权重是根据每个指标在指标集中的差异大小和对其他指标影响程度的度量,这种方法可以很好地区分数据之间的差异关系,但因为重要的指标不一定会使得所有的决策方案有较大的差异,而有些不重要的指标的改变反而会让各个方案存在比较大的差异,这就导致了客观赋权法有时无法给重要的指标赋予大的权重,反而给不重要的指标赋予大的权重,且客观赋权法无法反映出人们的主观意愿或与实际情况不符。

3. 组合赋权法

由于主观和客观方法各自存在缺陷,为兼顾决策者给指标的主观判断,减少人为判断给指标带来的影响,使指标的赋权兼顾主观和客观,结果更加合理可靠,就出现了第三种指标赋权方法——组合赋权法。组合赋权法有两种比较常见的形式:"乘法"集成法、"加法"集成法。这两种方法分别有不同的公式:

$$w_i = \frac{a_i b_i}{\sum_{i=1}^{m} a_i b_i} \tag{6-8}$$

$$w_i = \alpha a_i + (1 - \alpha) b_i \quad (0 \leqslant \alpha \leqslant 1) \tag{6-9}$$

式中 w_i——第 i 个指标的组合权重;

a_i、b_i——第 i 个指标的主观权重和客观权重;

α——主观权重占比。

"乘法"集成法主要用于指标多、权重相差不大的情况;"加法"集成法实质上是线性加权,决策者可以依据本身的偏好来更改 α 的取值,从而改变主观权重和客观权重所占的比例,得到组合权重。

由于主观赋权法和客观赋权法的缺陷,故本书决定采用组合赋权法中的"乘法"集成法来确定评价指标的权重,既可以体现评价者的偏好,也可以适当减少评价者的主观评价色彩给评价带来的影响。本书拟采用层次分析法(主观赋权)与熵权法(客观赋权)相结合的组合赋权法。

6.2.1.2 权重确定方法

1. 主观权重确定

层次分析法最早是由美国的 T. L. Saaty 在 20 世纪 70 年代提出的一种计算层次权重决策的分析方法,它的基本原理是将一个复杂的多目标决策问题视为一个决策系统,将目标对象分解为多个子目标,并通过先求解判断矩阵特征向量的方法,求解各层元素相对于上层元素的权重值,再采用加权和的方法计算各元素对总目标的最终权重值。层次分析法常用于解决具有分层交错评价指标,且目标值又难以定量描述的多目标决策问题。

(1)层次分析法的优点。

①系统性:将原本复杂的研究对象视作一个系统,依照分解、比较、判断、综合的思维来进行决策。

②实用性:定量与定性相结合,能较好地处理传统的最优化方法无法解决的实际问题。

③简洁性:计算简便。

(2)层次分析法的缺点。

①囿旧性:只能在原有的方案中进行优选,不能为决策提供新的方案;

②粗糙性:计算过程太过粗糙,精度不够;

③主观性:判断矩阵的构建不够准确,不确定性太高,人为影响较大。

层次分析法基本流程见图 6-1,具体内容如下:

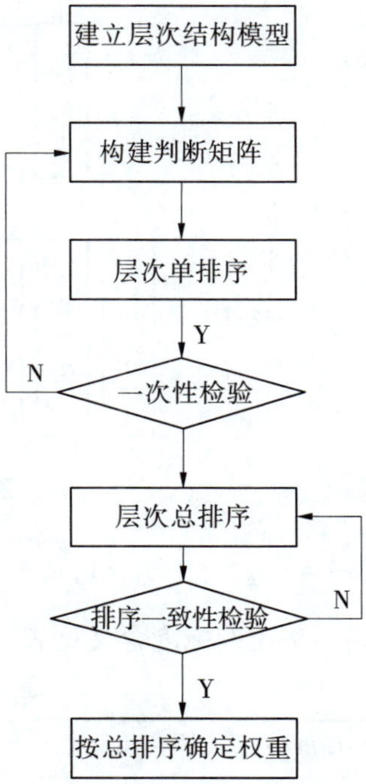

图 6-1　层次分析法基本流程

(1)建立层次结构模型。

层次结构模型的建立是层次分析法中最基础的一步。需要深入分析实际问题,依据不同属性将各个因素自上而下地分解成若干层次,同一层次的各个因素从属于上一层的某个因素,同时也可能支配下一层因素。层次结构模型的最上层为目标层,通常只有一个元素,表示决策者想要达到的目标,中间一般有一个或几个层次,为准则层或子准则层,表示为实现总目标而采取的各种措施、方案所必须遵循的准则;最底层为方案层或指标层,表示选用解决问题的各种措施、方案、指标等。采用层次结构模型可以清晰地表达这些因素之间的复杂关系,常见的层次结构模型如图 6-2 所示。

(2)构造判断矩阵。

判断矩阵的构建,即是依照一定的标度体系,将原始数据转化为可直接比较的格式的过程。本书采用 T. L. Saaty 提出的 1 ~ 9 互反性标度法作为区间的标量化方法。通过专家对同一层次的各元素进行两两比较,从而建立层次

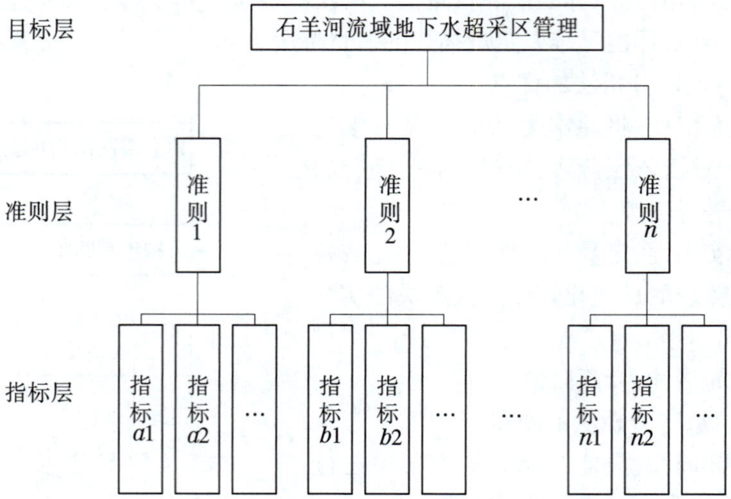

图 6-2　层次结构模型

矩阵 $A=(a_{ij})_{n\times n}(i,j=1,2,\cdots,n)$，$A$ 为正互反矩阵，即 $a_{ij}=1$，$a_{ij}=\frac{1}{a_{ji}}$。

1～9 比例标度含义见表 6-1。

表 6-1　1～9 比例标度含义

标度值	含义
1	两个元素进行比较时，重要性相同
3	两个元素进行比较时，前者比后者稍微重要
5	两个元素进行比较时，前者比后者明显重要
7	两个元素进行比较时，前者比后者强烈重要
9	两个元素进行比较时，前者比后者极端重要
2,4,6,8	表示上述判断的中间值

(3)计算判断矩阵的最大特征值、特征向量，然后对特征向量进行归一化处理，得到权重向量。

(4)检验权重向量的一致性。因为受到主客观因素的影响，严格一致性的判断矩阵很难出现。所以，需要对判断矩阵进行一致性和随机性检验，确定构造的判断矩阵求出的特征向量权值的合理性，标准化方法首先计算一致性指标 CI 如下所示：

$$CI = \frac{\lambda_{max} - n}{n - 1} \tag{6-10}$$

式中　n——矩阵阶数；

λ_{max}——矩阵的最大特征值。

然后计算平均随机一致性指标 RI（计算多次重复随机判断矩阵特征值后，取平均值），表 6-2 给出了 1～10 维的 RI 的取值。

表 6-2　RI 的取值

维数	1	2	3	4	5	6	7	8	9	10
RI	0	0	0.58	0.9	1.12	1.24	1.32	1.41	1.45	1.49

最终得到一致性比例 CR，$CR = \frac{CI}{RI}$。

当 $CR < 0.1$，认为判断矩阵具有较好的一致性；否则，就需要对判断矩阵进行调整。

2. 客观权重确定

熵在不同的领域，其定义也有所不同，在信息论中，熵是对系统不确定性的度量，若指标的信息熵越小，那么该指标所包含的信息量越大，在评价中所占的比重就越大，权重就越小。熵权法就依据这一特性对指标体系中的各元素进行客观的赋权。

由于不依赖主观判断，熵权法客观性更强，精度更高，可以用于筛除对指标体系贡献不大的指标。相对地，不能体现决策者对指标属性的意向，可能造成计算出的权重值与指标实际重要程度不相符，在不同的领域，其定义也有所不同，在信息论中，熵是对系统不确定性的度量。若指标的信息熵越小，那么该指标所包含的信息量越大，在评价中所占的比重就越大，权重就越小。熵权法就依据这一特性对指标体系中的各元素进行客观的赋权。

（1）对数据进行非负化处理：

$$r_{ij} = \frac{x_{ij} - x_{ij}^{min}}{x_{ij}^{max} - x_{ij}^{min}} \tag{6-11}$$

式中　x_{ij}——第 i 个评价对象的第 j 个指标的值；

x_{ij}^{max}——指标中的最大值；

x_{ij}^{min}——指标中的最小值。

（2）计算第 i 个评价对象的各个指标值在所有评价对象中所占的比例：

$$P_{ij} = \frac{r_{ij}}{\sum_{i=1}^{n} r_{ij}} \quad (j = 1,2,\cdots,m) \tag{6-12}$$

式中　$r_{ij} \geqslant 0$，且 $\sum_{i=1}^{n} r_{ij} > 0$。

（3）计算各个指标的熵值：

$$H_j = -k\sum_{i=1}^{n} P_{ij}\ln P_{ij} \quad (i = 1,2,\cdots,n;\ j = 1,2,\cdots,m) \tag{6-13}$$

（4）计算各个指标的权重：

$$w_j = \frac{1 - H_j}{m - \sum_{j=1}^{m} H_j} \quad (j = 1,2,\cdots,m) \tag{6-14}$$

最终得到客观权重。

6.2.2　评分标准的确定

指标评分标准见表 6-3。

表 6-3　指标评分标准

<table>
<tr><th>指标</th><th>区间</th><th>得分</th></tr>
<tr><td rowspan="5">地下水监测井密度（眼/100 km²）</td><td>10 以上</td><td>100</td></tr>
<tr><td>5</td><td>70</td></tr>
<tr><td>1</td><td>50</td></tr>
<tr><td>0.1</td><td>20</td></tr>
<tr><td>0.1 以下</td><td>0</td></tr>
<tr><td rowspan="4">地下水质</td><td>Ⅲ类及以上</td><td>100</td></tr>
<tr><td>Ⅳ类</td><td>70</td></tr>
<tr><td>Ⅴ类</td><td>50</td></tr>
<tr><td>劣Ⅴ类</td><td>0</td></tr>
<tr><td>指标</td><td colspan="2">得分标准</td></tr>
<tr><td>有效数据监测率（%）</td><td colspan="2">监测井有效数据监测率×100</td></tr>
<tr><td>法律法规与规章制度</td><td colspan="2">根据实施的政策、法规评分</td></tr>
</table>

续表 6-3

指标	区间		得分	
地下水取水许可率(%)	地下水取水许可率×100			
地下水取水计量设施安装率(%)	地下水取水计量设施安装率×100			
指标	区间	得分	区间	得分
万元 GDP 用水量(m^3)	81 以上	100	200	50
	90	90	300	40
	96	80	350	30
	143	70	400	20
	165	60	433	0
地下水位变化(m)	1.5 以上	100	-0.3	50
	1	90	-0.6	40
	0.6	80	-1	30
	0.3	70	-1.5	20
	0	60	-2 以下	0
平原区漏斗面积变化(%)	-40% 以下	100	-10%	50
	-30%	90	-20%	40
	-20%	80	-30%	30
	-10%	70	40%	20
	0	60	40% 以上	0
地下水供水占比(%)	-20% 以下	100	5%	50
	-15%	90	10%	40
	-10%	80	15%	30
	-5%	70	20%	20
	0	60	20% 以上	0

6.3　评估结果的确定

6.3.1　评估结果的计算

根据各指标的权重,可对地下水管理进行综合评价。计算模型为:

$$R = \sum_{i=1}^{n} a_i X_i \tag{6-15}$$

式中　R——最终评估结果;

n——评价指标的个数;

a_i——评价指标的权重;

X_i——该指标得分。

根据计算可求 R 值,R 值为地下水管理评估的总得分,由 R 值可对研究区地下水管理情况进行评价、定位。

6.3.2　评估结果的划分

按照以上建立的地下水管理评估体系,将评估结果划分为“优秀”“良好”“中等”“及格”“较差”五个等级。划分标准如下:

(1)优秀:评估得分在 90 分以上,地下水管理体系较成熟,治理效果明显,拥有系统的地下水监测网且无严重生态地质环境问题。

(2)良好:评估得分在 80 ~ 90 分,地下水管理体系较为完备,治理效果已初步体现,具有一定的监测系统,仍有需要加强、完善的地方。

(3)中等:评估得分在 70 ~ 80 分,地下水管理体系已具备一定的基础,治理效果有一定的呈现,监测体系还需进一步加强,但在管理上存在明显的不足。

(4)及格:评估得分为 60 ~ 70 分,地下水管理体系刚起步,满足地下水超采区管理的基本要求,还需要加大治理力度。

(5)较差:评估得分在 60 分以下,地下水管理体系不能满足当下的超采现状,治理效果尚未显现,需要采取措施进行全方面的治理。

6.3.3　缺资料的处理方式

在实际操作过程中,经常存在因某项资料不足而导致相关指标难以评估的问题。如资料不足以支撑某指标评估,则该指标不进行评估,将该指标所占权重按比重移到同类的其他指标中。

6.4　评估体系的运用

6.4.1　计算主观权重

建立层次指标评估体系,如图 6-3 所示。

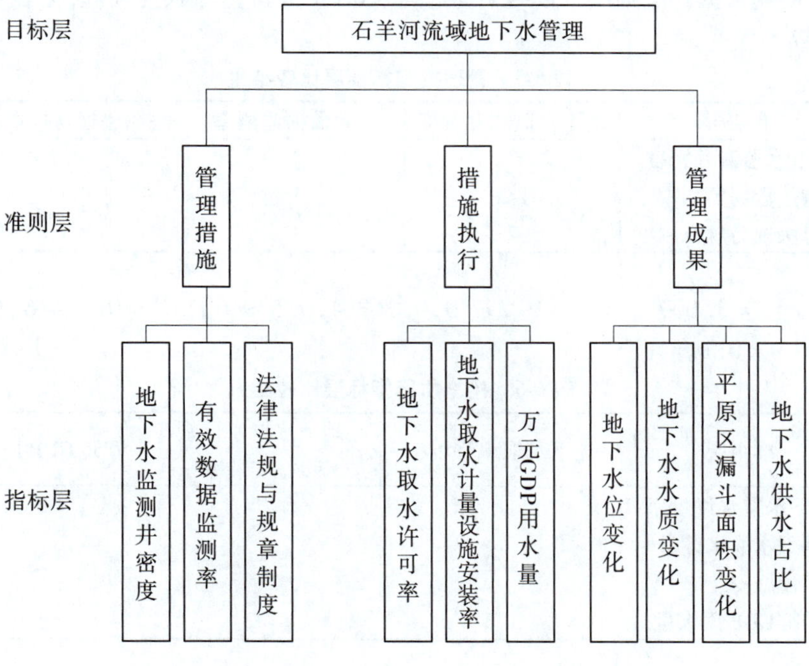

图 6-3　层次结构

根据指标间重要性程度构造判断矩阵,可以得到目标层判断矩阵。目标层比较结果如表 6-4 所示。

表 6-4　目标层比较结果

目标层	管理措施	措施执行	管理成果
管理措施	1	1/2	1/3
措施执行	2	1	1/2
管理成果	3	2	1

$$P = \begin{bmatrix} 1 & 1/2 & 1/3 \\ 2 & 1 & 1/2 \\ 3 & 2 & 1 \end{bmatrix}$$

进行评价矩阵的一致性检验。用 MATLAB 计算出矩阵的各项结果：$\lambda_{max}=3.009\ 2$、$W=[0.163\ 4,0.297\ 0,0.539\ 6]$、$CI=0.004\ 6$、$CR=0.007\ 9<0.1$，结果表明该矩阵通过一致性检验。

同理根据各准则层比较结果构建判断矩阵，并进行一致性检验，见表 6-5 ~ 表 6-7。

表 6-5　管理措施指标层比较结果

准则层	地下水监测井密度	有效数据监测率	法律法规与规章制度
地下水监测井密度	1	2	1/2
有效数据监测率	1/2	1	1/3
法律法规与规章制度	2	3	1

$\lambda_{max}=3.009\ 2$、$W=[0.297\ 0,0.163\ 4,0.539\ 6]$、$CI=0.004\ 6$、$CR=0.007\ 9<0.1$。

表 6-6　措施执行指标层比较结果

准则层	地下水取水许可率	地下水取水计量设施安装率	万元 GDP 用水量
地下水取水许可率	1	2	3
地下水取水计量设施安装率	1/2	1	2
万元 GDP 用水量	1/3	1/2	1

$\lambda_{max}=3.009\ 2$、$W=[0.539\ 6,0.297\ 0,0.163\ 4]$、$CI=0.004\ 6$、$CR=0.007\ 9<0.1$。

表 6-7　管理成果指标层比较结果

准则层	地下水位变化	地下水质变化	平原区漏斗面积变化	地下水供水占比
地下水位变化	1	2	1/3	1/2
地下水质变化	1/2	1	1/4	1/3
平原区漏斗面积变化	3	4	1	2
地下水供水占比	2	3	1/2	1

$\lambda_{max}=4.031\ 0$、$W=[0.160\ 1,0.095\ 4,0.467\ 3,0.277\ 2]$、$CI=0.010\ 3$、$CR=0.011\ 5<0.1$。

结果表明,以上各判断矩阵均通过一致性检验,确定指标的主观权重值如表6-8所示。

表6-8　主观权重值

准则层属性	准则层权重	指标层评价指标	指标层权重	各指标权重
管理措施	0.163 4	地下水监测井密度	0.297 0	0.048 5
		有效数据监测率	0.163 4	0.026 7
		法律法规与规章制度	0.539 6	0.088 2
措施执行	0.297 0	地下水取水许可率	0.539 6	0.160 3
		地下水取水计量设施安装率	0.297 0	0.088 2
		万元GDP用水量	0.163 4	0.048 5
管理成果	0.539 6	地下水位变化	0.160 1	0.086 4
		地下水水质变化	0.095 4	0.051 5
		平原区漏斗面积变化	0.467 3	0.252 2
		地下水供水占比	0.277 2	0.149 6

6.4.2　计算客观权重

根据5位专家对10个指标的重要性程度评分结果可以得到原始矩阵$\boldsymbol{R}$:

$$\boldsymbol{R}=\begin{bmatrix}95 & 98 & 70 & 85 & 90\\ 80 & 98 & 80 & 85 & 95\\ 95 & 98 & 90 & 70 & 70\\ 99 & 100 & 99 & 95 & 95\\ 95 & 98 & 95 & 90 & 90\\ 91 & 90 & 95 & 98 & 98\\ 95 & 95 & 97 & 90 & 98\\ 90 & 95 & 95 & 80 & 98\\ 92 & 98 & 98 & 80 & 90\\ 90 & 98 & 97 & 30 & 30\end{bmatrix}$$

运用公式对矩阵进行正向标准化处理,区间值取区间中值可以得到矩阵

R′：

$$
\boldsymbol{R}' = \begin{bmatrix}
0.928\,571 & 0.971\,429 & 0.571\,429 & 0.785\,714 & 0.857\,143 \\
0.714\,286 & 0.971\,429 & 0.714\,286 & 0.785\,714 & 0.928\,571 \\
0.928\,571 & 0.971\,429 & 0.857\,143 & 0.571\,429 & 0.571\,429 \\
0.985\,714 & 0.500\,000 & 0.985\,714 & 0.928\,571 & 0.928\,571 \\
0.928\,571 & 0.971\,429 & 0.928\,571 & 0.857\,143 & 0.857\,143 \\
0.871\,429 & 0.857\,143 & 0.928\,571 & 0.971\,429 & 0.971\,429 \\
0.928\,571 & 0.928\,571 & 0.957\,143 & 0.857\,143 & 0.971\,429 \\
0.857\,143 & 0.928\,571 & 0.928\,571 & 0.714\,286 & 0.971\,429 \\
0.885\,714 & 0.971\,429 & 0.971\,429 & 0.714\,286 & 0.857\,143 \\
0.857\,143 & 0.971\,429 & 0.957\,143 & 0.500\,000 & 0.500\,000
\end{bmatrix}
$$

计算出各个评价对象的各个指标值在所有评价对象中所占的比例 $\boldsymbol{P}_{ij}$：

$$
\boldsymbol{P}_{ij} = \begin{bmatrix}
0.225\,694 & 0.236\,111 & 0.138\,889 & 0.190\,972 & 0.208\,333 \\
0.173\,611 & 0.236\,111 & 0.173\,611 & 0.190\,972 & 0.225\,694 \\
0.238\,095 & 0.249\,084 & 0.219\,780 & 0.146\,520 & 0.146\,520 \\
0.227\,723 & 0.115\,512 & 0.227\,723 & 0.214\,521 & 0.214\,521 \\
0.204\,403 & 0.213\,836 & 0.204\,403 & 0.188\,679 & 0.188\,679 \\
0.189\,441 & 0.186\,335 & 0.201\,863 & 0.211\,180 & 0.211\,180 \\
0.200\,000 & 0.200\,000 & 0.206\,154 & 0.184\,615 & 0.209\,231 \\
0.194\,805 & 0.211\,039 & 0.211\,039 & 0.162\,338 & 0.220\,779 \\
0.201\,299 & 0.220\,779 & 0.220\,779 & 0.162\,338 & 0.194\,805 \\
0.226\,415 & 0.256\,604 & 0.252\,830 & 0.132\,075 & 0.132\,075
\end{bmatrix}
$$

根据公式可以求出各个指标的熵值，如表 6-9 所示。

表 6-9　各个指标的熵值

指标	地下水监测井密度	有效数据监测率	法律法规与规章制度	地下水取水许可率	地下水取水计量设施安装率
熵值	0.990 364	0.994 708	0.984 015	0.983 979	0.999 244
指标	万元 GDP 用水量	地下水位变化	地下水质变化	平原区漏斗面积变化	地下水供水占比
熵值	0.999 140	0.999 434	0.996 581	0.996 302	0.974 095

根据公式可以得到 10 个指标的客观权重值如表 6-10 所示。

表6-10 10个指标的客观权重值

指标	地下水监测井密度	有效数据监测率	法律法规与规章制度	地下水取水许可率	地下水取水计量设施安装率
客观权重值	0.117 3	0.064 4	0.194 6	0.195 1	0.009 2
指标	万元GDP用水量	地下水位变化	地下水水质变化	平原区漏斗面积变化	地下水供水占比
客观权重值	0.010 4	0.006 9	0.041 6	0.045 1	0.315 4

6.4.3 计算组合权重

运用"乘法"集成法将主观权重与客观权重结合,可以得到最终组合权重,如表6-11所示。

表6-11 组合权重值

指标	地下水监测井密度	有效数据监测率	法律法规与规章制度	地下水取水许可率	地下水取水计量设施安装率
主观权重值	0.048 5	0.026 7	0.088 2	0.160 3	0.088 2
客观权重值	0.117 3	0.064 4	0.194 6	0.195 1	0.009 2
组合权重值	0.048 0	0.014 5	0.144 9	0.264 0	0.006 9
指标	万元GDP用水量	地下水位变化	地下水质变化	平原区漏斗面积变化	地下水供水占比
主观权重值	0.048 5	0.086 4	0.051 5	0.252 2	0.149 6
客观权重值	0.010 4	0.006 9	0.041 6	0.045 1	0.315 4
组合权重值	0.004 2	0.005 1	0.018 1	0.096 0	0.398 3

对石羊河流域各项评估指标进行打分可以得到最终分值,如表6-12所示。

表 6-12 最终分值

指标	地下水监测井密度	有效数据监测率	法律法规与规章制度	地下水取水许可率	地下水取水计量设施安装率
得分	1.903 7	1.45	14.49	26.4	0.69
指标	万元 GDP 用水量	地下水位变化	地下水质变化	平原区漏斗面积变化	地下水供水占比
得分	0.107 5	0.266 9	1.349 2	6	21.747 2
总计	74				

对石羊河流域地下水管理进行评估,最终得分为 74 分,属于中等水平。

6.5 评估体系的优劣分析

本书所构建的地下水管理评估体系能较好地反映本流域在地下水管理水平上的优劣,并且反映在量化的得分上,在实际操作过程中能够直观地看出管理上的缺陷与优势,在后期整改时能做到有的放矢。

评估体系中仅选择了几个指标对地下水管理成效进行评定,在后期实际操作过程中,对评价指标的选定仍有商议的空间,可根据地下水管理形势的发展对指标进行适当的调整,以达到最佳的监管效果。

地下水水质变化与多种因素有关,本评估体系无法排除与地下水开采无关因素的干扰,需要在实际操作过程中对其诱发因素进行甄别和排除。另外,对于地下水位(埋深)变化指标还应排除降水的丰贫所引发的地下水位的升降。

第 7 章　石羊河流域农业用水现状分析

7.1　农业灌溉用水结构及其特征分析

7.1.1　农业用水结构特征

7.1.1.1　农业用水量及其比重

根据用水部门的不同,可以将用水分为农业用水、工业用水、生活用水和生态用水四部分。从四大用水行业用水量来看,2006～2017 年石羊河流域总用水量和农业用水量呈明显的下降趋势,生活用水量整体上略有减小,生态用水量在经历了 2010～2013 年的下降之后呈增长趋势,工业用水量整体上升,2010～2013 年各行业用水量出现波动。其中,用水总量由 2006 年的 27.7877 亿 m^3 降低到 2017 年的 22.931 4 亿 m^3,降幅为 17.5%,农业用水量由 2006 年的 24.065 3 亿 m^3 降低到 2017 年的 20.162 9 亿 m^3,降幅为 16.2%。石羊河流域 2006～2017 年四大行业用水量如表 7-1 所示。

从行业用水量所占的比例来看,石羊河流域农业用水所占的比例下降最为明显,由 2007 年的 88.1% 下降为 2016 年的 86.3%;工业用水比重呈上升趋势;生态用水比重基本保持稳定,部分年份有波动;生活用水比重呈逐步下降趋势。石羊河流域 2006～2017 年用水结构分别如表 7-1 和图 7-1 所示。

表 7-1　石羊河流域 2006～2017 年用水结构

年份	用水量(亿 m^3)					用水比重(%)			
	总用水量	农业	工业	生活	生态	农业	工业	生活	生态
2006	27.787 7	24.065 3	1.641 6	1.265 5	0.815 3	86.6	5.9	4.6	2.9
2007	27.621 2	24.337 8	1.424 9	1.258 5	0.600 0	88.1	5.2	4.6	2.2
2008	26.860 0	23.601 6	1.378 1	1.273 3	0.607 0	87.9	5.1	4.7	2.3
2009	25.088 2	22.252 5	1.377 3	0.846 0	0.612 4	88.7	5.5	3.4	2.4
2010	23.908 4	20.963 3	1.470 9	0.854 2	0.620 0	87.7	6.2	3.6	2.6
2011	25.233 2	22.141 8	1.629 1	0.851 2	0.611 1	87.7	6.5	3.4	2.4

续表 7-1

年份	用水量(亿 m³)					用水比重(%)			
	总用水量	农业	工业	生活	生态	农业	工业	生活	生态
2012	25.249 8	22.152 3	1.627 3	0.858 0	0.612 2	87.7	6.4	3.4	2.4
2013	23.192 4	20.163 8	2.122 5	0.672 6	0.233 5	86.9	9.2	2.9	1.0
2014	23.510 7	20.537 8	2.063 6	0.674 4	0.234 9	87.4	8.8	2.9	1.0
2015	23.677 2	20.433 6	2.135 6	0.691 7	0.416 3	86.3	9.0	2.9	1.8
2016	23.330 4	20.123 4	1.898 8	0.697 8	0.610 4	86.3	8.1	3.0	2.6
2017	22.931 4	20.162 9	1.437 3	0.728 4	0.602 8	87.9	6.3	3.2	2.6

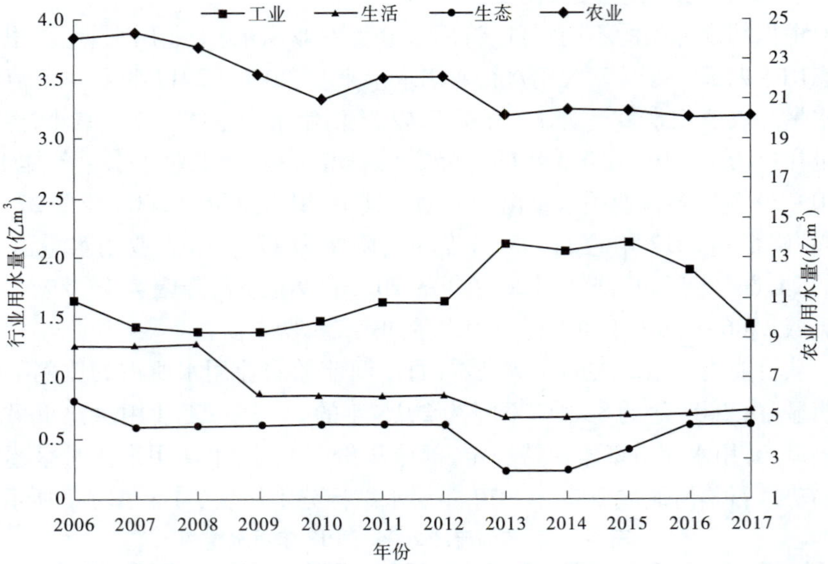

图 7-1　石羊河流域用水结构变化趋势

石羊河流域用水结构变化(2007 年和 2016 年)如图 7-2 所示。

单独分析农业用水情况,石羊河 2006 ~ 2017 年用水总量与农业用水量及其比重均呈下降趋势,并逐步趋于稳定,且下降过程具有密切关联性。同时,农业用水与生活用水来源于地下水的用量也基本呈同步下降,农业用水来源地下水部分呈明显下降,由 2006 年的 38.4% 下降至 2017 年的 27.4%。

石羊河流域农业灌溉用水及来源(地下水)如表 7-2 所示。

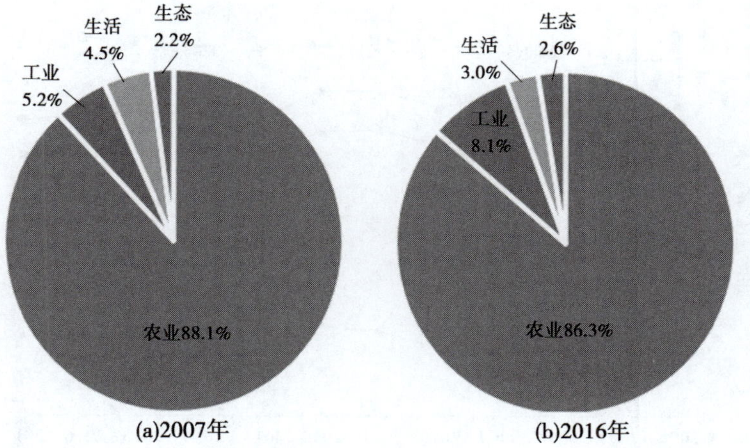

图7-2　石羊河流域用水结构变化

表7-2　石羊河流域农业灌溉用水及来源(地下水)

年份	用水量(亿 m^3)			比重(%)	
	总用水量	农业	地下水(农业)	农业	地下水(农业)
2006	27.787 7	24.065 3	10.682 1	86.6	44.4
2007	27.621 2	24.337 8	10.444 2	88.1	42.9
2008	26.860 0	23.601 6	9.490 4	87.9	40.2
2009	25.088 2	22.252 5	7.077 7	88.7	31.8
2010	23.908 4	20.963 3	5.178 3	87.7	24.7
2011	25.233 2	22.141 8	6.625 5	87.7	29.9
2012	25.249 8	22.152 3	6.977 4	87.7	31.5
2013	23.194 2	20.163 8	6.710 2	86.9	33.3
2014	23.510 7	20.537 8	6.502 8	87.4	31.7
2015	23.677 2	20.433 6	5.992 2	86.3	29.3
2016	23.330 4	20.123 4	5.910 9	86.3	29.4
2017	22.931 4	20.162 9	6.272 6	87.9	31.1

石羊河流域农业灌溉用水及来源(地下水)变化趋势如图7-3所示。

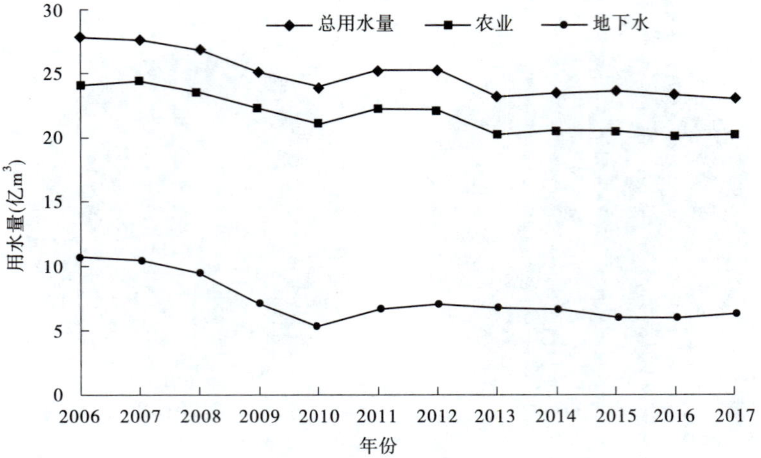

图 7-3　石羊河流域农业灌溉用水及来源(地下水)变化趋势

综上所述,石羊河流域用水结构在近 10 余年间发生了深刻变化,流域用水总量在不断下降,用水总量的减少主要受农业用水量下降的影响;用水结构在不断变化,高耗水的农业用水得到逐步控制,农业用水指标受到限制,农业用水比例一直处于下降的状态,工业和生态用水量比重在逐步增加,这与城市化进程加快和近年来工业的快速发展密切相关,同时也是石羊河流域重点治理规划实施效果的逐步体现。随着石羊河流域重点治理工作的逐步推进,采取关井压田的断然措施,实施水权水价制度的改革,流域内的农民感受到了用水的“阵痛”,用水方式也在“阵痛中”发生了变化,“总量控制与定额管理”的控、管水措施逐步深入人心。农田水利基础设施建设得到改善,农业灌溉用水中地表水比例增加,地下水比例快速下降,农业水源结构逐步趋于合理。

7.1.1.2　农业种植灌溉用水结构

石羊河流域农业种植灌溉类型主要包括水浇地、菜田、林果和草场等。其中,以农作物种植为主的水浇地在农业灌溉用水中的比重明显下降,2017 年比 2006 年下降 11.7%,菜田用水比例基本保持不变,林果和草场用水比重有一定的增长趋势,林果灌溉用水比重增长了 4.2%。说明 10 余年来,石羊河流域农业灌溉用水结构不断调整变化,在石羊河重点治理规划执行和农业用水指标不断调整的情况下,流域内人民逐步放弃高耗水的传统农业种植,逐步增加林果、草场和菜田等经济效益高、耗水量相对较小的现代经济农业种植,整个流域农业灌溉用水结构日趋合理。石羊河流域 2006 ~ 2017 年农业灌溉用水结构如表 7-3 所示,2006 年和 2017 年石羊河流域农业灌溉用水结构组成如图 7-4 所示。

表 7-3　石羊河流域 2006 ~ 2017 年农业灌溉用水结构　(%)

年份	水浇地	菜田	林果	草场	牲畜
2006	85.6	13.0	0.8	0.2	0.4
2007	85.7	12.7	0.9	0.3	0.4
2008	85.4	13.0	1.0	0.2	0.4
2009	83.9	13.6	1.0	0.3	1.2
2010	84.4	12.9	1.1	0.3	1.3
2011	84.2	13.4	1.0	0.3	1.1
2012	84.4	13.2	1.0	0.3	1.1
2013	77.2	16.0	4.9	0.4	1.5
2014	77.4	16.0	4.5	0.5	1.6
2015	77.3	16.1	4.3	0.7	1.6
2016	77.4	16.0	4.2	0.7	1.7
2017	76.2	15.9	6.0	0.4	1.5

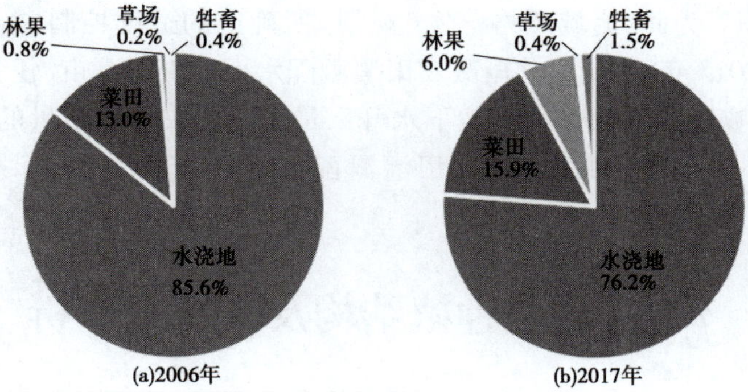

图 7-4　石羊河流域农业灌溉用水结构组成

7.1.2　农业用水结构调整现状

整体来看,石羊河流域现状产业结构布局与流域水资源承载力不相适应,第一产业规模偏大,占用水量过多,水资源利用效率和效益不高。因此,必须加快流域的城镇化建设、产业结构调整和农业内部结构调整步伐,减轻水土资源的承载压力。

近年来,流域内近远期调整用水的产业结构,发挥了区域的经济优势,确保社会经济持续发展的同时,遏制了需水的过快增长。2015 年,流域内一、二、三次产业比例分别为 19:44:37,其中武威市为 24:37:39,金昌市为 8:58:34。金昌市在壮大以镍等有色金属冶炼和加工为主的能源工业的基础上,注重培养和发展新的经济增长点,充分发挥资源、加工、经济优势,发展高效节水型经济。武威市逐步实现农业型经济向工业型经济的转变,加快稳固旅游、商贸、化工、纺织、建筑等支柱产业,不断挖掘文化生活、市场特色,发展低耗节水型经济。武威市科学调整产业和水、土资源布局,培育壮大支柱产业,积极发展战略性新兴产业,推动发展产业链经济,形成了液体经济、新能源装备制造业、建材工业、特色化工、汽车装备与进口、农产品精深加工等主导产业,新型工业体系初步建立。现代服务业加快发展,一批特色市场建成运营。农业产业结构的调整主要从农、林、牧、副、渔结构和作物种植结构两部分出发,适度压缩农业规模,加大林、牧、副等各业发展规模,调减粮食种植面积,加大低耗水的经济作物和林草种植面积,整体提高农牧业产品的技术经济含量和用水效率。

另外,为了解决现状农业灌溉面积偏大、占用水资源过多、农业用水严重挤占生态和其他部门用水的问题,通过关井措施和水权配置措施大力压缩农田配水面积。为此,流域严格落实《规划》所确定的适度控制农业灌溉的规模。截至 2015 年,流域内共压减农田灌溉配水面积 139 万亩,任务完成率达 103%。武威市按《规划》削减地下水开采量和压缩农业用水量的要求,关闭农业灌溉机井 3 318 眼,压减农田灌溉配水面积 66.52 亩,任务完成率达 102%。

7.2 农业种植结构及其特征分析

7.2.1 农业种植结构特征

多年来,流域内农民群众习惯了大水漫灌、广种薄收的生产方式,有些个体种植户靠大面积种植、无限量开采地下水获取收入。随着石羊河流域重点治理规划的实施,流域实际耕地面积不断减少,2006 ~ 2017 年共计减小 129 万亩,大大减小农业灌溉的用水压力。与此同时,流域农业实际灌溉面积不断增长,共计增长 108.01 万亩,最终,农业总耕地面积与实际灌溉面积达到基本相等。在此期间，菜田、草场和林果实际灌溉面积均有小幅增长。在石羊河流域农业种植结构中，农作物实际灌溉面积比例呈下降趋势，由 2006 年的 79% 下降至 2017 年的 75%，而林果、蔬菜等种植灌溉面积不断增加，种植结构逐步向合理化过渡。石羊河流域农业实际灌溉面积如表 7-4 所示，其变化趋势分别如图 7-5 和图 7-6 所示。

表 7-4　石羊河流域农业实际灌溉面积

年份	总耕地面积（万亩）	总实际灌溉面积（万亩）	农作物灌溉面积（万亩）	菜田灌溉面积（万亩）	林果灌溉面积（万亩）	草场灌溉面积（万亩）
2006	592.30	344.08	258.47	44.03	22.12	1.51
2007	460.65	382.19	264.76	43.75	26.75	1.54
2008	636.00	360.63	266.26	46.14	27.29	1.61
2009	636.00	360.74	259.00	46.38	30.77	1.56
2010	657.33	365.36	262.08	46.48	25.73	1.57
2011	490.25	368.62	267.57	44.73	31.88	2.02
2012	505.41	370.27	268.49	44.88	26.84	3.41
2013	457.43	445.60	318.63	57.93	46.85	2.90
2014	456.92	445.98	311.01	57.22	42.80	4.13
2015	462.02	450.06	312.87	57.57	41.10	5.63
2016	462.02	451.59	315.29	58.06	41.10	5.63
2017	463.30	452.09	319.88	59.00	45.93	2.57

7.2.2　农业种植结构调整现状

7.2.2.1　控制农业种植灌溉规模

通过优化农业种植结构，控制农业灌溉规模，加大节水型经济作物种植比例，减少农业用水总量，把挤占的生态用水退出来，是流域治理最直接有效的措施。调整传统农业种植产业是投入少、见效快、最直接的节水增收途径。流域内各级政府围绕推进传统农业向现代农业转变，坚持节约用水、增加农民收入和确保粮食自给为目标，以水定产业、以水定规模。

石羊河流域现状产业结构布局与流域水资源承载力不相适应，通过加快流域的城镇化建设、产业结构调整和农业内部结构调整步伐，优化农业种植结

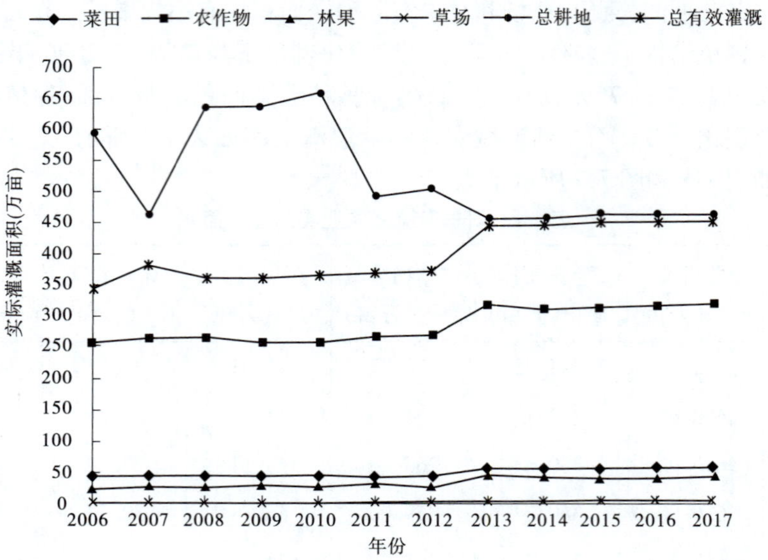

图 7-5 石羊河流域农业种植面积变化

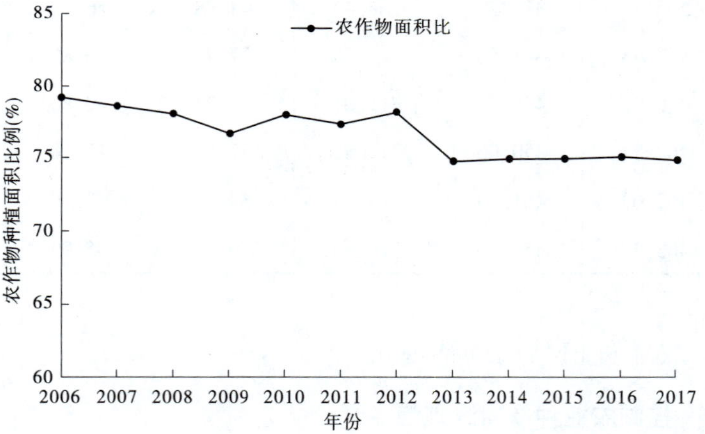

图 7-6 石羊河流域农作物种植面积比例变化

构,控制农业灌溉规模,减少农业用水总量,把挤占的生态用水退出来。配水面积由现状的446.11 万亩减少为310.59 万亩,减少135.52 万亩,其中2010年前减少与抢救民勤生态关系最为密切的西营、杂木、环河、红崖山等灌区63.34 万亩。

7.2.2.2 优化种植结构

农业种植结构和产业结构进一步调整和优化。规划各项治理措施的落实,尤其是水权制度改革和关井压田措施的落实,触动了农民的敏感神经,有效地促进了种植结构的调整和耕作制度的改变。各县(区)依据不同的区位优势,围绕种植业、养殖业、药草产业、林果业,大力调整农业内部结构,优化粮经饲种植比例。

2015年,流域种植业粮经比为57.4∶42.6,其中武威市为54.5∶45.5,金昌市为66.7∶33.3。按照“规模化、区域性、多品种、高效益”发展方向,推动传统农业向现代农业转变。武威市着力推进“设施农牧业+特色林果业”主体生产模式,逐步压缩小麦、夏禾和高耗水作物,发展瓜菜林果等高效节水作物。随着高效节水灌溉模式、水资源利用方式的转变和设施农业的推广,石羊河流域三产结构和粮经种植结构进一步优化。

总的来说,通过流域重点治理的不断深入,农业生产方式有了三个根本性转变,即由过去的广种薄收、大水漫灌的粗放经营,向以水定经济结构、以水定发展规模、以水定产业布局转变;由过去的主要靠打井开荒、扩大种植和粮食生产增加收入,向关井压田、大力发展高效设施农业和劳务输出增加收入转变;由过去的单纯追求经济效益,向既追求经济效益又追求社会效益和生态效益转变,生态恶化的势头得到初步遏制。

7.3 农业节水灌溉发展及管理现状分析

7.3.1 农业节水灌溉面积发展特征

2007年自石羊河流域重点规划启动以后,政府各部门积极响应,开始了高效节水的探索和发展,全流域节水灌溉以“示范、带动”为原则,实施建成了一批节水灌溉增效示范项目。节水灌溉示范项目的实施有效地带动了流域内其他农产品的生产,形成了独具地方特色的农业产业结构,如玉米、大麦、洋芋、薯类、胡麻、甜菜、瓜菜、葵花、油料、棉花、果树等。

目前,石羊河流域已形成了多种节水技术的综合集成模式。在日光温室推行优良品种、新品种的基础上,又配套了地膜覆盖、膜下滴灌或管灌、微喷等技术。2006~2017年石羊河流域农业节水灌溉面积变化情况见表7-5。

表 7-5 2006～2017 年石羊河流域农业节水灌溉面积统计(单位:万亩)

年份	喷滴灌	微灌	低压管灌	渠道防渗	其他	总面积
2006	10.51	1.69	15.33	196.55	47.65	271.73
2007	11.02	3.23	16.47	194.42	29.13	254.27
2008	11.36	3.87	17.32	198.65	30.11	261.31
2009	9.15	7.64	17.96	161.91	43.53	240.19
2010	8.73	14.81	28.50	187.99	35.22	275.25
2011	8.05	20.38	31.75	189.16	26.39	275.73
2012	8.03	30.60	40.78	202.12	33.63	315.16
2013	0.45	51.63	33.87	192.78	17.43	296.16
2014	0.05	66.73	42.04	195.21	14.33	318.36
2015	0.08	89.09	54.30	169.44	14.38	327.29
2016	1.91	104.27	56.24	151.97	14.38	328.77

从图 7-7 可以看出,10 余年间,石羊河流域内喷滴灌种植面积在减小,微灌、低压管灌等节水灌溉面积在不断增加,其中微灌增加 102.58 万亩,低压管灌增加 40.91 万亩;传统的农业渠道防渗灌溉面积有较大的下降,2016 年比 2006 年下降了 44.58 万亩;总节水灌溉面积在不断增长,2016 年较 2006 年增长 57.03 万亩,增长率达 21%。

7.3.2 农业节水灌溉技术应用现状

农业灌溉工程节水主要从渠系输水到田间灌水过程来考虑节水。渠系输水过程的主要措施有节水渠道防渗和改渠道输水为管道输水节水等;田间灌水过程节水主要是改进地面灌水技术,如大畦改小畦、长畦改短畦、平整土地,在缺水地区推广膜上灌或膜下灌,有条件的地方推广喷灌、微灌等灌溉新技术。自石羊河流域重点治理规划实施以来,流域内各级政府和农民,在多种节水灌溉技术上做了有益尝试。

7.3.2.1 铺设低压管道输水

管灌是通过管道系统将水输入田间的灌溉方式,田间仍采用常规的畦灌、沟灌进行灌溉等。与明渠输水相比,管灌输水具有节水、节地、节能、节劳等优

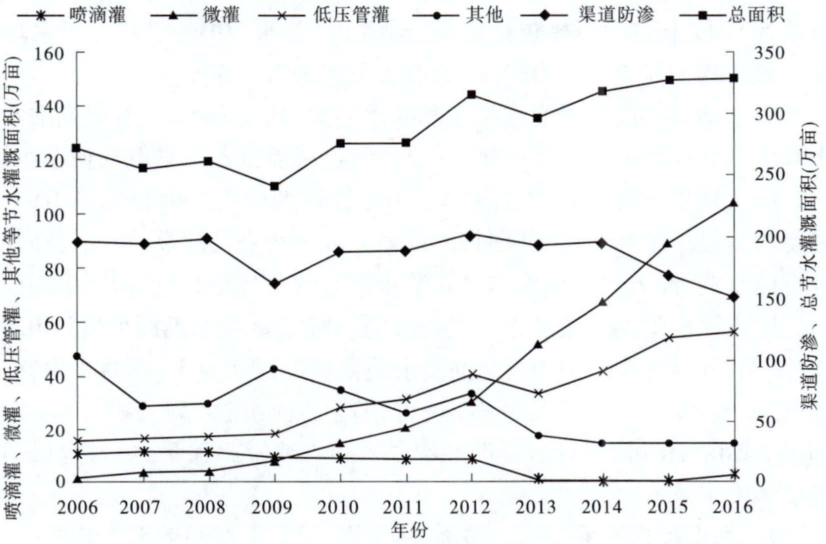

图7-7 石羊河流域农业节水灌溉面积变化趋势

点。首先,管道输水无蒸发损失,仅此一项,在武威大部分地区即可减少损失5%左右;其次,管道接缝处理较严密,管材一般采用塑料管或枪管,渗漏损失较衬砌渠道明显减少,渠道水利用系数一般较土渠提高30%~40%,较混凝土渠提高5%~15%;再次,采用地埋管道输水后,可实现不占地或大幅度减少占地面积,可节约用地0.5%~1.5%,提高了土地利用率;最后,对提水灌区,节水就意味着降低能耗。同时,管道输水具有速度快、效率高、灌水周期短等优点。低压管道输水灌溉有较强的适应性,深受武威各灌区人民的欢迎。

目前,武威市井灌渠已大面积推广应用,管灌面积达20.33万亩。由于低压管道输水田间仍采用常规节水灌溉方式,田间水利用效率不高,净灌溉定额与常规灌溉定额相同,所以节水效果受到一定限制。

7.3.2.2 平整土地,沟畦改造,改进地面灌水技术

地面灌溉技术是目前应用最广泛、最主要的灌水技术。有关研究结果表明,畦田、沟的规格适宜,操作合理得当,田间水利用系数可达到0.8以上,灌溉定额可大幅度下降。

石羊河流域受传统灌溉田块划分的限制,畦田宽度、坡度、长度及灌水流量都未达到节水灌溉的标准要求,节水效率不佳。在现有畦灌技术的基础上,通过制定科学合理的土地平整、畦沟尺寸和入畦(沟)流量等技术参数,提高

灌水均匀度和灌水效率。其中,膜上灌较一般地面灌溉可节水30%以上,高者可达50%以上,波涌灌(包括畦灌、沟灌)可节水10%~30%,灌水均匀度及储水效率均明显提高,分根交替灌溉可节水15%~30%。

平整土地是提高地面灌水技术和灌水质量、缩短灌水时间、提高灌水劳动效率和节水增产的一项重要措施。一般而言,渠灌区若不采取任何节水措施,采用田间大块划小和土地平整工程,可使灌溉水利用系数提高0.05~0.1。畦灌是耕地经平整后,利用畦埂将田块划分成小块进行灌溉;沟灌是在作物行间开挖灌水沟,灌溉水从输水沟进入灌水沟后,在水流动的过程中由沟底和沟壁向周围入渗而湿润土壤的方式进行灌溉。畦灌要求的地面坡度以0.001~0.003为宜,最大不超过0.01;沟灌要求地面坡度以0.003~0.008为宜,最大不要超过0.02。结合土地平整,进行田间工程改造,划长畦(沟)为短畦(沟),改宽畦为窄畦,设计合理的畦沟尺寸和入畦(沟)流量,可大大提高灌水均匀度和灌水效率。

7.3.2.3 推广应用喷灌、滴灌、微灌、膜上灌、膜下灌等高效节水技术

喷灌可将水均匀地喷洒在作物上,它可以根据作物的不同生育期、不同需水量科学控制灌水定额,平均灌水定额30 m^3。喷灌工程不需平整耕地、修建田间毛渠和打埂,一般可以节省土地10%~20%。喷灌灌水均匀,节约用水,对地形的适应性强,与地面灌溉相比,大田喷灌一般可省水30%~50%,增产10%~30%。喷灌的主要缺点是一次性投资较高,受风的影响大,在多风的季节,会出现喷洒不均匀,蒸发损失增大。因此,喷灌工程在武威市特别是凉州区、民勤县适应性较低,在天祝牧草灌溉中有少量应用。武威市全市共发展3.63万亩作为节水灌溉示范项目。

滴灌工程是目前科技含量最高、起点最高的节水形式,是高效农业的首选。滴灌与一般的畦灌相比有很多优点,具体主要体现在以下四个方面:一是省水,滴灌属局部灌溉,仅湿润作物根区附近的土壤,避免了输水损失和深层渗漏损失,地表湿润,减少了地面蒸发,节水率可达80%,能最大限度利用水源。二是省肥,在滴灌过程中,用施肥罐将可溶性肥料随水滴入作物根部发育区,可有效地使肥料利用率由30%~40%提高到50%~60%。三是省工,无须平地、筑埂、打畦。滴灌土壤不板结,垄间干燥,可减少中耕和除草等投入,省工50%~80%。四是适应性强,它对地形适应能力强,在坡度为50°~60°的陡坡上,可以用滴灌系统,由于滴灌是小水勤滴,适时适量,土壤理化性能好,一般可增产20%~30%,并可有效地改善蔬菜的品质。但是,目前滴灌一次性投资大,因此更适于经济作物,是温室大棚中最理想的灌水技术。目前,

在石羊河流域应用面积仍然较小。

微灌将水和肥料浇在作物的根部，它比喷灌更省水、省肥。当前推广的主要形式有微喷灌、滴灌、膜下滴灌和渗灌等。膜下滴灌具有增加地温、防止蒸发和滴灌节水的双重优点，节水效果最好。近几年，随着产品国产化和价格的降低，在石羊河流域得到迅速推广。武威市全市共发展27万亩作为节水灌溉示范项目。

膜上灌是将地膜平铺于畦中或沟中，畦、沟全部被地膜覆盖，从而实现利用地膜输水，并通过作物的放苗孔和专业灌水孔入渗给作物的灌溉方法。由于放苗孔和专业灌水孔只占田间灌溉面积的1%～5%，其他面积主要依靠旁侧渗水湿润，膜上灌实际上也是一种局部灌溉。膜上灌与常规沟灌相比，棉花节水40.8%，增产皮棉5.12%，霜前花增产15%；玉米节水58%，增产51.8%；瓜菜节水25%以上。

膜下滴灌是当今世界最先进的节水灌溉技术之一，它是一种把地膜栽培技术与滴灌技术结合起来，通过可控管道系统供水，使水与肥融合后的灌溉水成滴状，均匀、定时、定量浸润作物根系发育区的灌溉方式。1996年，新疆石河子垦区在大田(棉花)应用膜下滴灌技术取得成功，1999年开始大面积推广应用，力荐在全国范围内进行推广。据统计，膜下滴灌单位面积平均用水量是传统灌溉方式的12.5%，是喷灌的50%，是普通滴灌方式的70%。采用膜下滴灌技术后，不需要修农渠，也不需要筑埂打畦；操作简便，节省机力费和人工作业费，并节省抽水电费和肥料费，有效降低了生产成本。膜下滴灌可使作物根系经常维持适宜水分、通气和养分状态，因此作物增产显著。根据民勤县这几年田间试验情况，膜下滴灌节水效益较好，和大田常规灌溉相比，玉米每亩节水90～300 m^3，节水率达到20%～50%；小麦每亩节水120 m^3，节水率达33%；辣椒每亩节水170 m^3，节水率达32.10%；葵花每亩节水95 m^3，节水率达22.50%；无壳葫芦每亩节水140 m^3，节水率达29.20%。武威市全市共发展大田滴灌32.816万亩。

7.3.2.4 加强渠道防渗，对灌区工程进行技术改造和配套建设

渠道防渗工程节水效益明显而成本低廉，是诸多农田灌溉节水措施中经济合理、技术可行的主要节水措施之一，同时是当前农田灌溉节水工程改造中的关键环节。渠道采用防渗技术，一是能加快输水速度，缩短灌溉时间，能充分利用渠水，扩大灌溉面积，减少地下深层淡水的开采；二是与土垄沟相比，渠道防渗可节水40%～45%；三是灌区大部分为自流灌溉，节能效益显著；四是省去土渠每年维修费用、缩短浇地时间，可省工30%～50%。实践表明：渠道

防渗可使渠系水利用率提高20% ~40%,减少渠道渗漏损失50% ~90%。此外,渠道防渗还具有加大过水能力、减小过水断面、加快输配水的速度、节省土地等优点。金塔河、西营河、杂木河、黄羊河等河道修缮平整后,输水效率大大提高。2012年,向民勤调水监测点过水量达到了3.5亿 m^3,其中杂木河等天然河道过水1.2亿 m^3,占检测点过水总量的1/3,较2010年增加0.587亿 m^3,占检测点过水量总量比重提高了10个百分点。

在西北内陆干旱地区,有条件的支流兴建控制性水利枢纽工程和局部调水工程,科学配置水资源,解决局部地区缺水问题。对现有的大、中、小型灌区工程进行以高效节水为中心的更新改造,提高水资源的利用效率,这是压缩农业用水的重要措施。目前,全国渠系水的利用率只有40%,渠系节水的潜力最大。

自实施了石羊河流域重点治理灌区节水改造项目以来,截至2012年底,完成干支渠改建1 054.036 km,配套田间节水工程201.30万亩。由石羊河流域管理局负责实施的西营河至民勤专用输水渠工程,于2010年6月底完成主体工程,2013年12月完成附属和其他工程。建成渠道总长50.33 km,其中,改建明渠12.02 km,新建现浇明渠13.87 km、暗渠17.38 km、预制明渠7.06 km。2011 ~2015年,建成景电二期向民勤调水渠延伸工程,渠道全长24.55 km;建成景电二期向民勤调水渠改建工程,改建景电二期工程总干渠99.62 km,改建民调干渠14.33 km,提高了输水效率。

目前,石羊河流域已形成了多种节水技术的综合集成模式。在日光温室推行优良品种、新品种的基础上,又配套了地膜覆盖、膜下滴灌或管灌、微喷灌等技术。2014年日光温室滴灌面积达18 000 $hm^2$❶,占设施农业总面积的1/2以上,与常规节水技术比较,节水率达40%,节水2 400 m^3/hm^2 以上;常规节水技术也被集成为成套的综合技术被推广应用,如在小畦灌的基础上,集成了全膜垄作、垄播沟灌、一膜两用免耕、干播湿出等多种节水技术和节水高效的优良(新)品种、高产栽培、农艺措施等配套技术,促进了节水高效农业的发展和水资源的持续高效利用,形成了成套的节水高效综合技术集成模式,推广面积166 667 hm^2,节水450 ~750 m^3/hm^2。

---

❶ 1 hm^2 =15亩。

7.4　灌区续建配套与节水改造现状

7.4.1　主干输配水工程

近年来实施石羊河流域水资源配置保障工程主要包括专用输配水渠道工程、景电二期延伸向民勤调水渠下段河道整治工程等。2010年前修建西营河向民勤蔡旗专用输水渠工程;2011~2020年,整治景电二期延伸向民勤调水渠下段河道,修建东大河向民勤蔡旗专用输水渠工程,改建东大河、西大河向金川峡水库输水渠工程。

7.4.1.1　西营河至民勤蔡旗专用输水渠

西营河向民勤蔡旗专用输水渠工程渠线总长50.4 km,设计流量22 m^3/s,平水年设计年输水量1.1亿m^3。渠道依地面自然坡降控制,纵坡为1/300~1/800。横断面主要采用梯形明渠形式,在穿越永昌井灌区段采用整体现浇钢筋混凝土箱形结构的暗渠形式。

7.4.1.2　景电二期向民勤调水工程

为确保进入民勤盆地的地表水量和地下水位的持续稳定回升,降低用水成本,规划初步分析比较了河道整治和景电二期向民勤调水渠两种方案,推荐河道整治方案。现在景电二期向民勤调水工程于长城乡将外调水泄入洪水河道,利用天然河道输水长度约60 km,输水效率约0.7,输水损失大。为提高输水效率,规划对42 km河道实施裁弯取直、河岸护砌整治。

7.4.1.3　东大河、西大河至金川峡水库输水渠改建工程

东大河、西大河至金川峡水库输水渠承担东大河和西大河向金川区的配水任务。该渠道已经建成并运行多年,纵坡较陡,有兴建渠道电站的水力条件,目前渠道沿线部分电站正在开发建设,该两条输水渠的改建任务结合电站开发实施。

7.4.2　节水改造成果

石羊河流域通过对现有的大、中、小型灌区工程进行以高效节水为中心的更新改造,提高水资源的利用效率,这是压缩农业用水的重要措施。自实施了石羊河流域重点治理灌区节水改造项目以来,截至2015年底,完成干支渠改建1 873.17 km。渠系利用系数由20世纪五六十年代的0.3~0.4提高到0.52~0.66,农田灌溉水利用系数提高到0.56。西营河至民勤专用输水渠工

程,自 2010 年运行至 2016 年 11 月底,累计向民勤调水 9.63 亿 m^3,占民勤总调水量的 65%,西营河向民勤输水的利用率从 42% 提高到 90% 以上。石羊河流域灌区节水改造骨干工程完成情况统计见表 7-6。

表 7-6　石羊河流域灌区节水改造骨干工程完成情况统计

实施主体		批复长度(km)			完成长度(km)			完成率(%)		
		干渠	支渠	合计	干渠	支渠	合计	干渠	支渠	合计
武威市	合计	362.19	715.16	1 077.35	362.19	722.56	1 084.75	100	101	101
	凉州区	142.96	309.09	452.05	142.96	316.49	459.45	100	102	102
	民勤县	158.33	302.07	460.40	158.33	302.07	460.40	100	100	100
	古浪县	60.90	104.00	164.90	60.90	104.00	164.90	100	100	100
金昌市	合计	323.15	315.22	638.37	323.15	315.22	638.37	100	100	100
	永昌县	304.36	266.45	570.81	304.36	266.45	570.81	100	100	100
	金川区	18.79	48.77	67.56	18.79	48.77	67.56	100	100	100
景电二期灌区			157.45	157.45		160.54	160.54		102	102
流域合计		685.34	1 187.83	1 873.17	685.34	1 198.32	1 883.66	100	101	101

在加快渠系工程衬砌和田间工程配套,提高渠系水利用效率的同时,全面普及管灌、小畦灌、膜上灌、膜下灌、沟灌、间歇灌等常规节水灌溉技术,积极发展喷、滴、微灌等高新节水面积。自实施了石羊河流域重点治理灌区节水改造项目以来,截至 2015 年底,田间节水改造新建渠灌 184.2 万亩,新建喷、滴灌 62.1 万亩。石羊河流域灌区节水改造田间工程完成情况统计见表 7-7。

通过灌区节水改造,减少了农业用水,增加了生态用水。2010 ~ 2012 年,蔡旗断面总径流量分别达 2.62 亿 m^3、2.81 亿 m^3、3.47 亿 m^3;2013 年在遭遇 50 年一遇大旱、上游河道来水量减少 32.6% 的情况下,蔡旗断面径流量达 2.27亿 m^3;2014 ~ 2018 年分别达 3.19 亿 m^3、2.19 亿 m^3、2.38 亿 m^3、2.94 亿 m^3、2.76 亿 m^3。经甘肃省水文局蔡旗测流站监测确认,2010 年以来,蔡旗断面过站总径流量连续多年达到规划确定的目标值(见图 7-8)。2014 年与 2007 年相比,民勤盆地地下水开采量由 5.17 亿 m^3 控制在 0.850 6 亿 m^3,削减量达 4.319 4 亿 m^3。经甘肃省水利厅石羊河流域水资源局、武威市水务局确认,2011 年民勤盆地地下水开采量控制在 0.89 亿 m^3 以内,2012 ~ 2015 年连续三年控制在 0.86 亿 m^3 以内,提前实现了石羊河流域重点治理规划中的"两大约束性目标"。

表 7-7　石羊河流域灌区节水改造田间工程完成情况统计

实施主体		批复面积(万亩)						完成面积(万亩)						实际完成率(%)					
		渠灌	管灌	大田滴灌	温室		合计	渠灌	管灌	大田滴灌	温室		合计	渠灌	管灌	大田滴灌	温室		合计
					日光温室	养殖暖棚					日光温室	养殖暖棚					日光温室	养殖暖棚	
武威市	合计	146.05	20.33	32.81	10.34	24.60	234.13	146.24	20.60	32.81	12.07	34.41	246.13	100	101	100	117	140	105
	凉州区	99.03	14.78	9.96	6.71	19.26	149.74	99.03	14.78	9.96	8.42	29.07	161.26	100	100	100	125	151	108
	民勤县	25.97	5.55	22.85	2.79	2.59	59.75	26.12	5.82	22.85	2.81	2.59	60.19	101	105	100	101	100	101
	古浪县	21.05	0.00	0.00	0.84	2.75	24.64	21.09	0.00	0.00	0.84	2.75	24.68	100	—	—	100	100	100
金昌市	合计	37.78	7.02	1.67	1.46	1.46	49.39	37.78	7.02	1.67	1.46	1.46	49.39	100	100	100	100	100	100
	永昌县	33.66	3.01	1.12	1.26	0.96	40.01	33.66	3.01	1.12	1.26	0.96	40.01	100	100	100	100	100	100
	金川区	4.12	4.01	0.55	0.20	0.50	9.38	4.12	4.01	0.55	0.20	0.50	9.38	100	100	100	100	100	100
流域合计		183.83	27.35	34.48	11.80	26.06	283.52	184.02	27.62	34.48	13.53	35.87	295.52	100	101	100	115	138	104

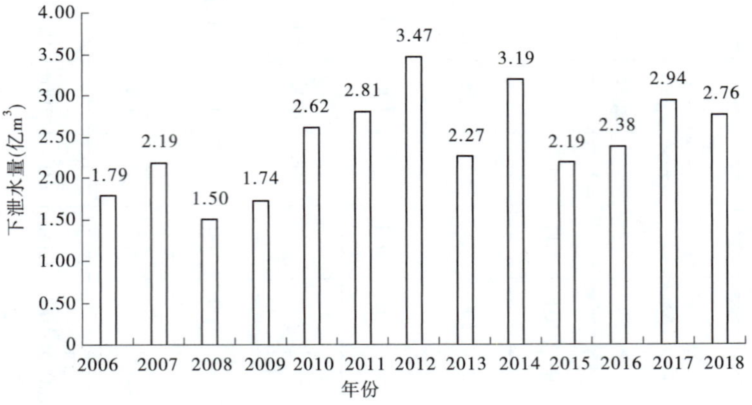

图 7-8 民勤县 2006～2018 年蔡旗断面过水流量变化

7.5 水权交易及水价改革

7.5.1 基于水权的水资源管理体系

为促进水资源的优化配置及高效利用，解决水资源的供需矛盾，保障国民经济的可持续发展，必须要实行水资源科学调度、合理开发、高效利用、优化配置的水管理体制和水市场机制，切实履行和保障公平合理的水权分配制度及高效的水权流转制度，同时进一步规范取水许可和有偿使用制度。

石羊河流域内各市以甘肃省人民政府批复的石羊河流域水资源分配方案和水量调度实施计划为依据，明确行政区域范围内的水资源总量控制指标，结合区域实际，合理分配初始水权。坚持行政与经济、教育与法治相结合的原则，强化约束与激励，把水权作为“牛鼻子”，牢牢抓住不放，进行一系列的水权水价改革，建立了“水权明晰、定额管理、节约有奖、转让有偿”的水资源管理体系。

一是明晰初始水权。按照“总量控制、定额管理、逐级分配”的办法，将各市用水控制总量，逐级分配到用水户，明晰各用水户的水权总量，并逐年核发水权证。每年制定出台水资源年度配置意见，将水权分解到县(区)，县(区)在综合考虑区域内水资源现状、经济社会发展需求等各种因素基础上，科学合理地确定水权分配宏观控制指标和微观管理指标，制定并落实各年度“水资源使用权配置方案”，将水权量逐级分配到行业、灌区、乡镇、协会、用水户。

二是规范用水程序。各用户持水权证向水管单位购买水票,凭水票取水用水;水管单位依据批准的用水户水权指标和用水计划,配水到斗口或井口,做好斗口以上水量调度;乡镇编制供用水计划配水到协会,计量到斗口(井口);农民用水户协会“分时到户、配水到地”,协助基层水管单位开展用水终端管理。

三是建立管理台账。建立了灌区、乡镇、村组(用水户协会)和用水户四级台账,逐月逐轮次逐井对用水量进行登记,实行用水的精细化控制,坚守水权底线。

四是实行民主监督。实行配水面积、配水时间、配水总量、配水流量公开,接受群众监督的“四公开、一监督”制度。其中武威市867个农民用水户的31.06万户农业用水户全面参与水权制度改革、水量分配落实监督。

五是强化计量管控。地表水实行斗口量水堰计量,农业灌溉机井安装IC卡智能化计量控制设施14 240套,城镇生活和农村安全引水工程全部实行水表计量,以准确计量管理,严格定额管理。

六是搭建交易平台。武威市根据水权交易的实践情况,制定出台了《武威市人民政府关于水权水市场建设的指导意见》,明确了水权交易的原则、范围和交易形式,确立在各级水管部门、用水户协会、用水小组之间搭建有形平台,在政府网站、水务部门网站设立网络平台,及时发布供求信息,为水权交易提供便捷、高效、及时的服务。2008年以来,全市实现水权交易350多起,交易水量1 280多万m^3,有效促进了水资源的优化配置和合理流转。

七是严格取水许可。2011年,全市换发机井取水许可证16 467份,地表水取水许可证6份。在严格执行《甘肃省取水许可制度实施细则》基础上,全面推行水权制度改革,明晰各用水户用水指标,规范用水程序,使取水许可落到了实处。

八是推行项目水资源论证制度。地下水取水量在10万m^3以上,地表水取水量在20万m^3以上的建设项目均编制“水资源论证报告”;地下水取水量在10万m^3以下的建设项目填写“水资源论证表”。

7.5.2　水权交易市场

石羊河流域各市以甘肃省人民政府批复的石羊河流域水资源分配方案及水量调度实施计划为依据,结合区域实际,合理分配初始水权。武威市搭建水权交易平台,建立水权交易制度,培育水市场,引导水资源向高效率、高效益方向流动和优化配置,初步建立了以水权管理为核心的水资源管理体系。在水权使用过程中,先确权、再计划,先申请、再分配,先购票(卡)、再配水,河水灌区凭票供水，井水灌区刷卡取水。通过凭卡供水、台账登记、轮次控制等，实现了水权精细化管理和全过程监管。2010～2015 年，凉州区累计交易水权 434 起1 307万 m^3，民勤累计交易水权 529 起 850.2 万 m^3，实现了水资源余缺调剂和二次优化配置。

7.5.3　农业水价综合改革

石羊河流域以前的农业水价制度只是简单的核定成本收取费用，费用收取“只能上不能下”，简而言之，“价就是费”，没有调节机制，水价不能起到优化水资源的作用。而农业水价改革不是简单地提高费用，而是建立合理的农业水价机制，服务农业水权交易，以节水为目的，进而提高水资源利用率。

任何改革都要有可行性和可操作性才能成功，农业用水价格改革的可行性高、可操作性强。理由有以下三个方面：一是当前农业用水价格低，相对电费、种子费、化肥费、机耕费等投入成本来讲，水价对农业成本的影响微乎其微，有提升空间。二是农业节约用水潜力巨大。水价改革和水权制度改革是相辅相成的关系，两者互相促进。水权交易让农民把多余的水进行有偿转让，农民获得收益将会探索节水的途径。节约的水越多，农民的收益越高，加权计算，提高农业水价不仅没有增加农民负担，甚至会增加农民收入，这对农业水价改革来讲就没有了阻力，改革就会成功。三是从完成农业水价改革的地区看，建立合理的农业水价机制，对水价采取“能上能下”的价格机制，在提高农民节约用水意识，解决用水矛盾、提高水资源利用率方面都取得了较好效果。

石羊河流域深入开展水价综合改革，形成激励节约用水的合理水价机制，充分发挥水价杠杆的调控作用，流域内各市分别出台了关于水价改革的相关政策文件，并对供水价格进行调整。一是适时制定农业水价标准。2007 年以来，流域内各市分别出台了关于水价改革的相关政策文件，并对供水价格进行了调整。2013 年，《武威市人民政府关于深化水价改革的实施意见》开始执行，地表水计量水价由 2006 年的 0.06 元/m^3 调整到了目前的 0.167～0.242 元/m^3，地下水由每亩 8 元单一制水价调整为基本水费每亩 2 元和计量水价每立方米 0.049 5元的两部制水价。同时，地下水按每立方米 0.01 元的标准收取水资源费。坚决实行差别水价制度，对设施农业、大田滴灌等高效节水作物，地表水价优惠不低于 20%，地下水价优惠不低于 50%；对采用传统地面灌溉种植的小麦、玉米等，地表水价上浮 20%，地下水价上浮 50%；对特色林果业及生态用水，按调整后农业水价的 50% 计收水费。二是坚决推行累进加价。农业、非居民、工业和特种行业用水均实行超定额累进加价制度，分超定额 30% 以下、31%～

50%、50%以上三种不同情况，超定额部分分别按标准水价的150%、200%、300%收取水费。三是积极探索末级渠系水价。依托中央财政农业水价综合改革示范项目，试点推行了末级渠系水价，核定末级渠系水价标准为每立方米0.02元，由农民用水户协会收取使用。四是适当提高生活用水价格。农村生活用水价格调整到了每立方米2.1元以上，武威城区生活用水调整到每立方米1.8元，同时对生活用水实行定额管理、阶梯式水价。通过制定和落实多样化水价政策，发挥价格"杠杆"作用，激励节水，引导高效节水产业发展。

通过水价改革，全流域用水总量大幅下降，用水结构进一步优化。2006～2017年石羊河流域各年度的用水总量依次为27.79亿m^3、27.62亿m^3、26.86亿m^3、25.09亿m^3、23.91亿m^3、25.23亿m^3、25.25亿m^3、23.19亿m^3、23.51亿m^3、23.68亿m^3、23.33亿m^3、22.93亿m^3。2017年全流域总用水量比2006年减少4.86亿m^3。其中，全县农业灌溉用水量由2006年的23.71亿m^3减少到2015年的18.56亿m^3，这与流域农业水价综合改革有着必然关系。

7.6　农业水资源利用中存在的问题

石羊河流域面积4.16万km^2，有大中小型灌区14个，流域灌溉面积363.85万亩，2020年调整为310.59万亩。长期以来，石羊河流域管理局始终把农田水利建设发展摆在突出位置，启动了石羊河流域重点规划治理，进行了一大批大、中、小型灌区建设，实施了8个水资源配置保障工程，完成了133个灌区节水改造工程，发展配套田间节水改造面积275.27万亩，其中田间高效节水灌溉面积6.28万亩，流域农田水利建设取得明显成效。灌区灌溉水利用系数由2006年的0.53提高到0.61。尽管石羊河流域在节水农业管理方面取得了长足的进步，但由于农田水利建设历史欠账较多，良性运行管护体制机制不健全，农田用水效率不高，其存在的问题集中表现在以下几个方面。

7.6.1　农业水资源严重短缺，供需矛盾突出

7.6.1.1　流域水资源短缺，属资源型缺水

石羊河流域深居大陆腹地，属大陆性温带干旱气候，降水量不足，平原区年降水量仅150～300 mm，下游地区更小于150 mm，而年蒸发量却达1 300～2 600 mm，蒸发量远大于降水量。流域多年平均水资源量16.61亿m^3，人均拥有当地水资源量688 m^3，仅为全国的约1/3，亩均水资源量298 m^3，仅为全国的约1/4，远低于人均1 000 m^3 的国际水资源紧缺标准。人均及亩均水资

源量与内陆河流域其他河流相比最低，见表 7-8。人均、单位面积耕地占有水资源量的严重不足是石羊河流域用水紧缺和生态环境恶化的主要根源之一。

表 7-8　石羊河流域人均、亩均水资源量对比

流域名称	人均水资源量（m^3）	亩均水资源量（m^3）
石羊河	688	298
黑河	1 400	529
疏勒河	4 759	2 150
塔里木河	5 196	2 099
全省	1 114	389
全国	2 167	1 421

7.6.1.2　供需矛盾突出，区域用水不平衡

2000 年至今，农田灌溉面积增加了 29.6%，粮食产量增加了 45%，GDP 翻了约 10 倍，而水资源量不但没有增加反而减少了约 1%，流域的水资源负荷继续上升。流域水资源开发利用程度达 137%，居内陆河流域之首。即便如此，流域还缺水约 2.43 亿 m^3，缺水程度达 9.3%，这势必导致经济社会用水挤占生态用水。而生态环境恶化反过来又威胁人类的生存环境，使人与自然不能和谐共处。21 世纪前 10 年，经济发展速度加快，来水却偏枯，更加剧了水资源与经济发展及生态环境之间的矛盾。

流域经济和社会发展没有充分考虑流域水资源的整体承载能力及区域的平衡性，总用水和耗水规模偏大，中下游水资源配置不尽合理。

由于用水得不到保证，致使永昌、金昌、凉州、民勤等县（区）间及工农业间的水事纠纷时有发生。金昌市自 20 世纪 80 年代以来为了保证工业及生活用水，多次采取停农保工措施，时常造成农民直接经济损失，且得不到任何补偿。目前，全流域仍有 50 万亩农田得不到保灌，尽管政府及群众正采取不同的节水措施，但经济社会各行业用水仍然非常紧张。人们为了经济的发展，过度开发水资源，致使地下水位严重下降，破坏了人与自然的和谐关系，进而导致流域生态环境急剧恶化，全流域目前土地沙化面积已达 2.22 万 km^2，占流域总面积的 53.4%，平均每年沙化的面积达 22.5 万多亩，流沙压埋农田 48 万亩。由于沙化面积和荒漠草原枯死面积的逐年扩大，沙漠每年以 3 ~4 m 的速度向绿洲推进。沙尘暴肆虐，威胁民勤、金昌和武威，甚至影响到整个北方

地区。

中游“六河”天然年径流量均值为13.7亿m^3。多年来,中游灌溉面积持续扩大,大中企业、“五小”企业的迅猛发展,使耗水量猛增。据统计,中游灌溉面积不断扩大,总耗水量增加,尤其以农业耗水量增加为甚。就当地出山口水资源而言,由于中游地区耗用水量过大,留给下游民勤地区可供消耗的人均水资源量就极少,中游地区地表水、地下水利用失衡,地下水位逐年下降,原有的泉水灌区基本演变为机井灌区,甚至是深井灌区,直接导致下游泉水溢出量减少。由于下游民勤无自产地表水,入境水量的逐年减少,必然导致民勤人民为了生存和生活而大量开采地下水,造成地下水位急剧下降,绿洲边缘大面积植被衰亡,土地荒漠化加剧。同时,水质不断恶化,造成人畜饮水困难,一些地方群众已不得不移居他乡,成为生态难民,严重威胁和谐社会构建。

7.6.1.3 行业用水结构不合理,水资源利用效率偏低

在水资源如此紧缺的背景下,流域用水结构却极其低效,长期徘徊在以农业灌溉为绝对成分的水平。2017年国民经济各行业总用水量24.03亿m^3,用水比例为工业7.0%,农田灌溉83.6%(其中“六河”[1]中游农田灌溉用水量占“六河”中游总用水量的比例高达89%,下游民勤县农田灌溉用水占民勤县总用水的87.8%),林草1.2%,城市及农村生活8.2%。根据《中国水资源公报》(2010年),2010年全国工业用水占总用水量的24.0%,农业用水占61.3%,生活用水占12.7%,甘肃省农业用水占总用水量的75%。由此可见,石羊河流域农田灌溉用水明显偏高。由于武威市各县优势产业为农业,没有高效益的其他优势产业,而农业的单方水效益很低,由此导致了流域尤其是“六河”系统耗水量大而经济效益不显著。

石羊河流域人均用水量996 m^3,远高于甘肃省及全国水平,可是,单方水GDP却只是全国平均水平的约1/4,水资源利用效率偏低,尤以“六河”下游民勤盆地突出。民勤盆地人均用水量约为全流域的1.5倍,民勤盆地的人均GDP仅为全流域的55%。西大河水系因金昌市为工业城市,人均GDP高于全国,但人均用水量也高于全国及全省水平,单方水GDP与全国水平相比,仍还有不小差距,见表7-9。

[1] 六河:古浪河、黄羊河、杂木河、金塔河、西曹河、东大河。

表 7-9 石羊河流域水资源利用效率比较

区域	人均用水量（m^3）	人均 GDP（元）	单方水 GDP（元/m^3）
石羊河流域	996	18 203	18.3
“六河”中游	813	12 854	15.0
民勤(“六河”下游)	1 459	9 976	6.8
西大河水系	1 132	41 006	39.0
甘肃省	478	15 803	33.0
全国	440	29 049	66.1

注:全国数据来自《中国水资源公报》(2010 年)。

7.6.2 农业用水效率较低

7.6.2.1 农业用水效率偏低

尽管石羊河流域水资源贫乏,水资源紧缺形势异常严峻,但水资源利用效率却较低,存在较普遍的浪费现象。石羊河流域现有水利工程设施大多建于20 世纪六七十年代,由于长期以来水资源利用方式的低效落后和水利管理的粗放经营,如大水漫灌等,灌区输水渠道老化失修,渠道水跑水、渗漏、蒸发严重,加上灌区工程设施配套不全,灌溉水的利用系数一直没有得到较大的提高,部分小型灌区或管理不当灌区的灌溉水利用系数仅为0.45~0.5,与发达国家的0.8 相比差距较大。同时,农户广泛使用的灌溉方法为沟灌、漫灌,使得几乎一半的灌溉水又从农田流出或因饱和而渗入地下。这种粗放的农业灌溉行为导致了用水效率低下,农业灌溉用水的损耗量高达40%~50%。

7.6.2.2 农业用水浪费现象存在

石羊河流域灌区水资源管理水平亟待提高。目前,石羊河流域内的水资源管理模式仍然属于粗放型,渠道渗透比较严重,农作物灌溉方式还比较落后。由于流域大部分地区采用明渠灌溉,防渗渠道长度有限,渠道管理以及清淤工作不到位,造成渠水利用系数偏低,导致农田灌溉过程中大量水资源浪费。同时,灌区内灌溉技术落后,许多地区仍然采用大水漫灌、掩灌和有灌无排等粗放型灌溉方式。除此之外,灌水量过大还造成田间渗透严重,导致土壤养分流失,且水土流失中携带的化肥、农药等残留物又造成了农业污染。

7.6.3 农业供水设施不足

流域水利基础条件较为薄弱。近年来,全流域水利投入逐年增加,水利基础设施建设稳步推进,水安全保障能力得到进一步提高。由于底子薄、欠账多,流域水利基础设施与区域经济社会发展还不相适应,是流域经济社会发展的短板。水源保护工程建设明显滞后,河道治理保护还比较薄弱。骨干工程调蓄能力低,水资源保障和应急调度能力差,调蓄调度受径流丰、枯变化影响明显。农田水利设施配套不完善,抗旱防洪减灾能力亟待加强。虽然经过多年的建设,石羊河流域已累计建成了多处水利工程,但是有调节的少,无调节的多;在调节工程中,调节程度高的少,调节程度低的多,灌溉保证率低。

7.6.4 水质污染进一步加剧水资源危机

随着经济快速发展和城镇化趋势的加大,流域中游地区城市废污水排放明显增加,石羊河干流河流地表流量小、流程短,河道自净能力弱、环境容量小,纳污量十分有限,造成进入下游地表水水质严重污染。民勤地下水质随着中游地表水水质恶化,加上当地城市污水及地表各种污染物的渗漏也受到不同程度的污染。同时,随着农业中地膜、化肥、农药用量的增加使土地土质、农作物品质受到污染。民勤盆地南部地下水质尚可,北部(泉山北部及湖区)地下水质已明显恶化,呈快速南侵之势。湖区大部分地下水因矿化度高,不仅人畜不能饮用,而且也无法用于农田灌溉。水质恶化进一步加重了下游水资源危机和日趋严重的生态问题。

7.6.5 水价及供水管理问题

7.6.5.1 水价形成机制未形成

长期以来,水没有真正作为商品来看待。水利工程水价低于供水成本,水利工程老化失修。城市供水价格构成中,主要考虑了制水成本,对供水管网成本补偿不足。水价没有建立根据市场供求和成本变化及时调整的机制。季节性水价、末端渠系水价还没有全面推开,两部制水价、超定额用水加价、阶梯式水价等促进节约用水的水价制度,在水利工程和城市供水中没有实质性进展,仍处于一般宣传阶段。

7.6.5.2 供水管理体制不合理

一方面,农业灌溉斗渠以上供水由水利单位管理,价格由政府价格主管部门核定。斗渠以下供水由村组集体组织自行管理,水费由村组管水组织或村组干部按亩或按人计收,计量手段落后,收费不规范,缺乏有效监督。由于农渠多为土渠,自然损耗率高,加之管理不善,这部分成本均由农民分摊加价,加重了农民负担。另一方面,水利部门人员增加,致使供水成本加大,这是造成供水单位长期亏损的主要原因之一。城市供水企业政企不分,人员过多,成本偏高,服务质量欠佳,自我积累能力差,供水设施建设和管理落后,供水管网年久失修,跑冒滴漏比较突出,管网输水漏失率较高。

7.6.5.3 现行水价未实现成本价格

根据物价和水利部门的测算,以武威市为例:农业供水价格每立方米成本价凉州区、天祝县分别只占其成本价的79.2%和71.4%;民勤县、古浪县分别只占其成本价的72.12%和50.25%。城市供水价格,在2004年调整时测算,武威城区单方水成本为1.47元,现行自来水的平均价格是1.36元,占供水成本的92.5%,不能保证企业正常运行。

7.6.5.4 全社会的节水意识还不强

节水是一项具有广泛社会性的工作,需要全社会的理解和支持,物价部门更有义不容辞的责任。当前节水工作还没有一套适应市场经济的运行模式,由于水价低、节水的经济效益不能体现,用户节水积极性普遍不高,使节水工作处于被动状态,而投入不足和技术落后,也是节水工作开展的主要制约因素。总结武威市农村和城市供水工作,有"六个矛盾"需要解决:一是单方生产效益过低,与水资源大量被浪费之间的矛盾;二是用水价格过低,未达成本与居民、农民、实际承受能力之间的矛盾;三是计量不科学与水费收费困难之间的矛盾;四是城市供水中设计生产能力大与现实需求量小的矛盾;五是集中统一管理与大量自备水源(机井)之间仍存在的矛盾;六是推行阶梯式水价与基础工作薄弱用水不能抄表到户之间的矛盾。

7.6.5.5 水利体制机制改革还不到位

近年来,尽管流域内各级政府大力深化水利改革,在节水灌溉技术利用、水权制度建设、水价改革等方面取得显著成效,但部分地区的农户仍未采纳先进的节水灌溉技术,水权交易也仅在石羊河流域个别地区推广,其农业节水技术和管理模式仍然处在经验探索阶段,尚未形成一套完善的理论体系支撑其节水模式的持续利用。

第 8 章　灌区农业灌溉用水效率指标

灌溉用水效率指标综合反映不同尺度灌溉工程状况、用水管理水平和灌溉技术水平等，是正确评估灌溉水有效利用程度及存在问题，评价节水灌溉发展成效的重要基础。国际上通用的表述方式是“效率”，而国内习惯用“系数”来反映灌溉水的有效利用程度。

灌溉水从水源到形成作物产量要经过四个环节：①通过渠道或管道将水从水源输送至田间；②将引至田间的灌溉水，尽可能均匀地分配到所指定的面积上，并转化为土壤水；③作物吸收、利用土壤水，以维持其生理活动；④通过作物复杂的生理过程，形成经济产量。

前两个环节效率的提高表现为尽可能将水源取水输送到田间并储存于作物根系层，其效率用无因次的百分比表示，比如灌溉效率、灌溉水利用系数等；后两个环节则是尽可能使作物高效利用土壤水以提高产量，其效率常用投入单方水的粮食产出(kg/m^3)表示，比如水分生产率等。相同灌溉定额下，灌溉制度不同，降水的有效利用不同，作物生长发育及最终产量也存在差异，因此水分生产率与灌溉行为密切相关。由于作物灌溉的最终目的是提高作物的产量和品质，灌溉效率类指标则表达了多少水可以输送到田间并储存于作物根系层被作物所利用，而“水分生产率”类指标则表达作物吸收和利用水分形成产量过程中的效率。只有两者都高效，灌溉行为才是高效的。

8.1　传统农业灌溉用水效率指标

评价灌溉系统运行性状及节水灌溉效率的指标有很多，如渠系水利用系数、田间水利用系数、灌溉水利用系数等。这些评价指标为灌溉工程的规划设计和灌溉管理提供了合适的决策依据，其含义及计算方法如下。

(1)渠系水利用系数：末级固定渠道输出流量(水量)之和与干渠渠首引入流量(水量)的比值，或各级固定渠道的渠道水利用系数乘积。

(2)田间水利用系数：灌入田间可被作物利用的有效水量与末级固定渠道(农渠)输出水量的比值。

(3)灌溉水利用系数：灌入田间可被作物利用的水量与干渠渠首引入的

总水量的比值，或渠系水利用系数和田间水利用系数的乘积。

灌溉水利用系数等传统灌溉效率出现的起因是灌溉设计人员需要一个指标来表达输出占输入水量的比例，以此反映输配水工程效率的状况。在早期规划开发灌溉系统时，只注重优化系统的设计。我国《灌溉与排水工程设计标准》(GB 50288—2018)中灌溉水利用系数连乘计算的方法与灌区设计思路相一致，各项参数具有明确的实际意义，各级渠道水利用系数和田间水利用系数也可以通过广泛熟悉的方法获取，灌溉水利用系数一直以来被作为灌区灌溉用水评价的一个最重要的指标。2016 年以来实施的全国大中型灌区续配套节水改造建设，在工程规划和效益评估时，也主要以该指标为基础计算“节水量”，进而得出节水效益。

8.2 传统灌溉效率指标的局限性及节水的尺度效应

传统效率指标在灌溉系统的规划设计及灌溉工程性能评估中都发挥了重要作用，在 20 世纪 50 ~ 70 年代新系统建设中尤为明显。然而当时水资源充足，一个灌区的主要目标是维持灌溉工程良好运行和根据作物需水及时供水到田间，为其他用途而节水并没有受到广泛关注。

当使用传统灌溉效率评价指标时，必须认识到它们的局限性，即有关灌溉效率的指标是同所研究对象及区域尺度大小密切相关的。当水资源日趋短缺，灌溉用水对地区水循环的影响日趋重要，而从传统效率指标的角度来看，灌溉用水的使用效率不高，意味着效率提高将有大量的水可以从农业灌溉转移给其他用户。因为传统效率指标忽略了损失水的再利用，导致田间尺度与灌溉系统尺度的灌溉效率有很大的差异，所以仅仅利用传统效率指标来评估真实节水量和制定合适的节水策略是存在缺陷的。

灌溉水利用系数等传统灌溉效率指标忽视了回归水的重新利用，将供水系统的出流全部视为损失。一般地面灌溉系统的供水效率平均为 45%，而喷、微灌的供水效率却可达 70% ~ 90%。于是人们推断，从地面自流灌溉转换到喷、微灌可节约大量的灌溉用水。如果出流的有效使用为零或负数，则推断是正确的；如果出流的有效使用为正数，则推断是错误的。在有回归水利用的系统中，如果上游农户提高用水效率，其田块的排水将减少，进而依赖于其排水而灌溉的下游农户将遭受缺水。这样势必要为下游农户建立另一单独供水系统，花费更多的资金，同时也不一定能提高整个系统的整体效率。因此，基于传统效率指标所做出的决策往往不能导致真实的节水或节水效果有限。

因此研究认为，传统灌溉效率指标只在以下情况是可用的：①新的灌溉系统的规划设计，此时灌溉工程设计者需要传统效率指标来推算为满足田间灌溉的基本需求而需要从水源调用的流量，以及基于不同级别渠道的流量设计渠道的断面尺寸；②评估渠道系统的管理状况，在灌溉工程状况一样时，高灌溉效率意味着良好的管理状况；③在一个低效率的水重复利用系统中，回归水可以回收且可被作物或其他用户再利用，如果回用滞后期过长则不能及时满足用水户，且要考虑回归水的水质和利用成本问题。传统灌溉效率指标不适用于节水量的计算和节水潜力评估。

8.3　基于水量平衡框架的灌溉水利用效率评价指标

许多实例证明，期望通过提高灌溉供水和输水效率的措施来节水的做法是无效的，由此出现了所谓“字面节水”的提法。原因在于，灌溉水利用系数、传统灌溉效率等指标忽视了回归水及其重复利用。鉴于此，近年来国内外学者基于水资源管理的观点提出了考虑回归水重复利用的灌溉水利用效率指标。然而，这些指标及框架在强调其理论及概念合理性的同时，却忽视了其实用性，即难以确定其中的某些要素，因此并不适用于灌区的水管理。对现有灌溉水利用效率评价指标进行合理的界定和评价，以及对新的适宜指标探讨是十分必要的。

不同的目标决定了不同的计算基础，目前没有一套共同术语可以兼容各种不同使用目的所需的灌溉水利用效率指标。当灌溉成为流域水文的一个重要组成部分时，必须在更广泛的水资源管理背景下进行灌溉水利用效率分析。

国际水管理研究院（IWMI，International Water Management Institute）从水资源利用的角度分析了传统灌溉效率的弊端，并提出新的灌溉水利用效率评价理念。Molden 提出了水量平衡的分析框架，确定了该框架模型在田间、灌溉系统以及流域 3 个尺度范围内进行水量平衡计算的具体过程，并提出了进行水资源利用效率评价的 3 类指标，即水分生产率、总消耗比例、水分有益消耗百分率。

（1）水分生产率：分别采用毛入流量（降雨量 + 灌溉水量）水分生产率（WP_{gross}）、灌溉水分生产率（WP_I）和作物蒸发蒸腾量水分生产率（WP_{ET}）来代表单位毛入流量、单位灌溉水量和单位作物蒸发蒸腾量所获得的产量（kg/m^3）。

（2）总消耗比例：该指标反映区域内水分被消耗的程度，即总消耗水量与研究区域内毛入流量和可利用水量的比值，分别用 DF_{gross} 和 $DF_{available}$ 表示。其中可利用水量有益消耗比例量指研究区域内毛入流量扣除储水变化量和调配水量，调配水量指根据计划向下游区域输送的水量。

(3)水分有益消耗百分率：该指标反映水在消耗过程中被有益利用的程度。采用作物蒸发蒸腾量与研究区域内毛入流量、可利用水量和总消耗水量的比值这三个指标，分别表示为 PF_{gross}、$PF_{availabe}$ 和 $PF_{depleted}$。

其中，水分生产率指标用简单和易于理解的方式表达了水的产出效率，被广泛用于水管理评估。IWMI 提出的水量平衡框架中的水分生产率被作为灌溉水利用效率的主要评价指标之一。由于水分生产率的数据来自水平衡分析的各要素，数据量大，并且有些要素测定较为复杂，限制了它在大尺度及长时段的应用。另外，水分生产率的提高可能来自其他因素，提高了单位面积产量，因此单独使用水分生产率来评估灌溉效果也不一定合适。

分析 IWMI 提出的灌溉水利用效率指标可见，尽管在不同研究中有着不同的侧重点，但是其指标量化的基础仍是水量平衡模型。只是在不同尺度上得到水量平衡计算要素的方法并不相同，但是都明确了尺度效应对于节水灌溉评价的影响。可以看出，以水分生产率为评价指标得到了比较成功的运用。同时，也存在值得进一步研究的问题：①尽管水量平衡框架已经比较清楚、完整，但许多组成要素实际上难以确定，也难以反映水质的尺度影响、回归水利用的经济问题以及不同区域灌溉的及时性问题等；②IWMI 所提出的 3 类指标是否可以满足节水灌溉评价的需要，它们的适用性和可应用性需要进一步探讨。

水量平衡计算框架及相关评价指标体系为研究节水的尺度问题提供了一个较好的方法。该框架的不足表现在没有考虑水质的尺度影响、回归水利用的经济问题以及不同区域灌溉的均匀性和及时性问题等。如果回归水的重复利用需要二次耗能或需要兴建工程，则不能直接采用相同指标。

8.4 传统灌溉效率指标与 IWMI 指标比较

从传统的灌溉效率指标到考虑到尺度效应及回归水利用的新效率指标，再到以水分生产率及“消耗或非消耗”比例类的指标，关于灌溉水利用效率指标、灌溉节水潜力评价方法、水资源调配决策的依据等，在国内外都已成为争论的焦点。

早期的灌溉效率指标是从水量的角度描述了为满足作物有效性使用而必

须供给的灌溉水量，主要适用于灌溉系统设计及灌区（特别是渠系工程）管理水平评价等，国内长期使用的灌溉水利用系数就属于此类。随着对回归水重新利用及节水灌溉尺度效应的认识，许多考虑回归水利用的灌溉水利用效率指标被提出，如有效灌溉效率、净灌溉效率、节水灌溉水资源利用系数等。

目前提出的考虑回归水重复利用类的指标或有关“比例”类的指标，其概念和内涵是比较明晰的，因为涉及不同尺度回归水利用量以及以蒸发蒸腾量为主的各类“消耗”的定量观测及计算的困难，以上指标在目前条件下用于实际灌区的日常水管理还有一定难度。从考虑回归水重复利用类的指标到IWMI所提出的 3 类代表性指标，试图区分“水分利用”这一术语中所包含的要素，理清尺度对灌溉水利用评价的影响，且 IWMI 所提出的指标在多项研究中已经得到成功运用。但 IWMI 指标体系以水量平衡计算为基础，数据获取较难。基于现有灌溉水利用效率指标，还难以实现灌区真实节水潜力的估算（见表 8-1）。

因此，无论从使用目的还是现实条件来讲，传统的灌溉效率指标是否可以被取代，现在还不能下定论。实际上，现阶段还没有一套在任何条件下均适用的评价灌溉水利用效率的量化指标。针对不同数据基础、术语表达、环境要求和目标，不同的灌溉水利用效率指标有着各自不同的适用性。

表 8-1　传统灌溉效率指标与 IWMI 指标比较

指标类型	评价指标	具体指标	定义	作用及适用范围
传统指标	利用系数	（1）灌溉水利用系数； （2）渠系水利用系数； （3）田间水利用系数	（1）通过灌溉设施进入田间且能被农作物利用的水量与水源引水量的比值； （2）末级固定渠道输出水量之和与干渠渠首引入水量的比值； （3）灌入田间可被作物利用的水量与末级固定渠道放出水量的比值	（1）评价灌溉系统输、配水效率，渠系条件及运行状况； （2）用于灌溉系统的规划设计，由净灌溉蓄水量推求各级渠道的设计流量及工程规模。 不足：忽视了回归水的重复利用，不适用于大尺度节水效果的评价

续表 8-1

指标类型	评价指标	具体指标	定义	作用及适用范围
IWMI指标	水分生产率	(1)毛入流量水分生产率; (2)灌溉水分生产率; (3)蒸发蒸腾量水分生产率	(1)单位水资源量在一定的作物品种和耕作栽培条件下所获得的产量或产值; (2)单位灌溉水量所能生产的农产品数量作物消耗单位水量的产出,其值等于作物产量(一般指经济产量)与作物净耗水量或蒸发蒸腾量的比值	(1)反映水资源的投入-产出效率,用于灌溉行为及水资源投入-产出效率的评估; (2)用于不同尺度及条件下节水效果的比较 不足:所需数据量大,不适用于大尺度及长时段的应用,单独使用该指标评估节水效果不是很全面
	总消耗比例	(1)农业生产所消耗水量与区域内毛入流量的比值; (2)农业生产所消耗水量与区域内可利用水量的比值		(1)反映研究区域内水分被消耗的程度; (2)用于不同尺度及条件下节水效果评估和比较
	水分有益消耗比例	(1)作物蒸发蒸腾量与区域内毛入流量的比值; (2)作物蒸发蒸腾量与区域内毛入流量的比值; (3)作物蒸发蒸腾量与区域内总消耗水量的比值		(1)反映水资源在消耗过程中被有益利用的程度; (2)适用于不同尺度及条件下节水效果评估和比较

8.5　农业灌溉用水相对效率——技术效率

技术效率的定义起源于 Koopmans(1951)给出的技术有效性的定义,他认为:如果一个生产者需要增加其中一种产出,那么他的另外一种产出就会减少,或者生产者必须增加至少一种投入,那么这个生产者就是技术有效的。

Debreu(1951)最早引入距离函数,将多投入多产出生产单元的技术效率模型化,认为技术效率就是生产单元的生产行为与生产前沿面的距离,它沿着产出增大方向或投入减少方向提高。

英国经济学家 Farrel 在《生产效率度量》中从微观层面对技术效率进行了最具代表性的定义,他认为,技术效率是指在生产技术不变的情况下,按照给定的要素投入比例,一个生产决策单元的实际产出与同样投入情况下的最大产出之比,或者说实际成本与最小成本之比就是技术效率。他进一步将技术效率分解为规模效率和纯技术效率。规模效率是指资源投入规模的增大对产出的影响,即衡量的是生产决策单元能否运用最恰当的要素投入比例;纯技术效率是指剔除规模效率后的生产决策单元投入的生产效能。

Leibenstein(1966)将技术效率定义为实际产出状况与在同等大小的投入、投入比例及给定市场价格条件下所能达到的最大产出的比值。

另一个具有代表性的定义由 Battese 和 Coelli (1992)给出,他们认为,技术效率是在某一时间段内一个企业在现有生产要素组合和管理水平下的平均产出与企业在有效投入要素组合和管理水平下所使用要素而获得的平均产出之比。

由以上的定义可以看出,从投入的角度看,技术效率是指在相同产出水平条件下,生产决策单元最小可能投入与实际投入的比率。从产出的角度看,技术效率是指生产决策单元在相同大小的投入下实际产出与最大可能产出的比率。在技术效率理论中,所有生产决策单元中的最佳生产单元的产出组成了生产前沿面,生产前沿面代表的是一个行业最好的硬件和管理技术下所能达到的最大产出。因此,技术效率衡量的是一个生产决策单元在要素投入条件确定的情况下,其实际产出距生产前沿面的距离,距离越大,意味着离最佳生产行为的差距越大,技术效率就越低。它表示决策单元的实际生产活动接近前沿面的程度,即反映了现有技术的发挥程度。需要指出的是,技术效率是一个相对概念,如果在原有的样本内加入另外一些企业,则某个或某些企业的技术效率有可能由于加入新的企业而降低。

在微观经济学理论当中,生产函数是评价决策单元投入与产出关系的基本方法,生产函数构成了生产可能性前沿,需要通过估计出生产函数并把生产函数作为生产前沿面的标准,在掌握每个决策单元的投入产出数据后,那么就可以在观察点中找出处于生产前沿或者包络表面的观察点。建立生产前沿后,将处于生产前沿面以下的决策单元与处于生产前沿面以上的决策单元相比较,技术效率就是估计出的生产前沿面与观察点实际产出值的差距,技术效率可以在生产前沿已知的条件下计算得出。建立生产函数有很多种方法，根据生产前沿形式的假设不同来分类，可以分为参数前沿方法和非参数前沿方法（Norman and Stoker，1991）。

按照上级水行政主管部门的要求，石羊河流域灌区每年均开展以传统农业灌溉用水效率指标（灌溉水利用系数）为基础的灌区灌溉用水效率测算，在此不再做进一步的阐述测算。考虑数据的可获得性，本书主要以农业灌溉用水相对效率——技术效率为指标依据，对石羊河流域农业灌溉典型区——武威市灌区的农业灌溉用水技术效率进行测算评估。

第 9 章　石羊河流域灌溉用水技术效率评估

9.1　灌溉用水效率理论概述与计算模型

9.1.1　灌溉用水效率相关理论

在经济学中,效率被定义为劳动消费与劳动成果的比例。经济学家范刚指出,经济效率一般可以视为资源使用效率,表明社区在现有资源中,生产可以按照满意度提供。总之,效率主要表现当前生产和最佳生产之间差距的状况,主要表现为投入与产出之间的关系。

灌溉就是为了保证作物的正常生长,使作物的产量高、保持产量稳定,作物必须被供给足够的水量。在自然条件下,由于缺乏降水或降水分布不均衡,作物的生长用水经常供给不足。因此,有必要进行人工灌溉,以弥补自然降水的不足。灌溉原则是根据不同作物的用水需求、不同的生长阶段、适用作物气候条件和土壤条件的特点,确定灌溉量、灌溉次数和灌溉时间。灌溉用水效率就是为了研究灌溉中所使用的灌溉用水资源的利用效率。

9.1.1.1　规模报酬理论

规模报酬是指在其他条件不变的情况下,企业内部各种生产要素按相同比例变化时所带来的产量变化。规模报酬分析的是企业的生产规模变化与所引起的产量变化之间的关系。企业只有在长期内才能变动全部生产要素,进而变动生产规模,因此企业的规模报酬分析属于长期生产理论问题。

9.1.1.2　资源配置理论

资源配置是指对相对稀缺的资源在各种不同用途上加以比较做出的选择。资源是指社会经济活动中人力、物力和财力的总和,是社会经济发展的基本物质条件。在社会经济发展的一定阶段中,相对于人们的需求而言,资源总是表现出相对的稀缺性,从而要求人们对有限的、相对稀缺的资源进行合理配置,以便用最少的资源耗费,生产出最适用的商品和劳务,获取最佳的效益。资源配置合理与否,对一个国家经济发展的成败有着极其重要的影响。

9.1.1.3 投入产出理论

投入产出分析的理论基础是瓦尔拉斯的一般均衡理论。这种理论认为，资本主义经济通过供求关系和价格波动，可以自动地均衡发展。社会主义国家引入投入产出分析之后，以分工与协作、生产劳动与非生产劳动、劳动价值论、社会再生产理论为其理论基础。

9.1.2 灌溉用水效率的主要计算方法

目前，衡量行业效率的五种方法有投入产出法、综合指数分析法、模糊综合评价法、层次分析法和前沿效率分析法等方法。

9.1.2.1 投入产出法

投入产出法是一种广泛应用于效率计算的方法，是以定量分析为基础的。研究的主要方向是经济体系中存在的投入产出之间的关系，是研究和分析国民经济中不同生产部门生产效率的一种方法。

9.1.2.2 综合指数分析法

综合指数分析法是确定一套合理的经济效益指标体系并在此基础上计算经济效益的综合价值，分析对经济效益的加权平均需求。综合指数法是综合评估经济效益的分析方法。综合指数分析法先通过计算和统计，然后根据各种指标的需求，通过不同的属性和单位的测量值进行标准化，得到综合评价指数，最后进行分析决策。综合指数值越大，工作质量越好，且指标数量不受限制，但是，这种方法也具有主观性的缺点。

9.1.2.3 模糊综合评价法

模糊综合评价法就是利用模糊数学的方法将一些难以定量分析的问题进行定量分析，然后进行整体评估。这种方法具有很明显的优点，就是可以分析那些模糊的事件。

9.1.2.4 层次分析法

层次分析法就是把指标按照不同的层次进行区分，然后根据不同的层次对指标赋予不同的权重，最后进行具体分析。

9.1.2.5 前沿效率分析法

前沿效率分析法主要基于已知投入产出生产决策点，确定生产边界（所有可能的外部边界输入和输出），使位于边界与边界内的所有生产决策单位可以到达生产边界，这就是技术效率，决策单位以其生产可能性边界距离来表示。在实践中，边界效率通常是指一种相对效率，而不是绝对效率。同时，根据边界效率分析方法，可以将前沿生产函数的参数分为非参数和参数。本书采用 DEA(Data Envelopment Analysis,数据包络分析)模型数据包络分析就是一种非参数法。

9.2　灌溉用水效率计算模型选择

数据包络分析(DEA)模型是一种线性规划方法,它是用来分析决策单元相对效率的方法,其基本思路是构建一条非参数的包络前沿面,效率有效点位于生产前沿面上方,效率无效点位于前沿面的下方,通过计算观察点与生产前沿的距离确定技术效率。DEA 模型出现 30 多年来,已经被越来越多的学者使用并发展了这一方法。虽然 DEA 模型有其本身的缺点,比如由非参数性所导致的不能处理随机误差对技术效率的影响,不具备统计特征等,但是在对灌溉用水技术效率的影响因素进行测算时,可以通过回归分析的方法弥补 DEA 方法不具备统计特征的缺陷。同时,由于收集的数据有限,特别是对灌区技术效率进行测算时,样本数量太少,不符合计量方法对数据的要求,意图测算在保证现有水平的农业产值下所能节约的灌溉水资源量,属于分向量的技术效率测算,利用 SFA 方法实现较难。因此,基于以上考虑,选择 DEA 模型来进行技术效率分析。

DEA 方法在测算时,需要对规模是否可变进行假定。当假设规模效率可变时,DEA 方法测算的是纯技术效率和规模效率;当假设规模效率不变时,得到的技术效率是考虑了规模效率在内的技术效率,又被称为总技术效率。

另外,DEA 方法计算的技术效率可以是投入导向的,也可以是产出导向的,它们的区别在于:投入导向的技术效率表示的是同等投入所能够生产的最大产出,产出导向的技术效率表示的是在产出一定的条件下所能节约的最大投入。由于研究的是水资源短缺背景下农业生产可以节约的水资源量,所以选择投入导向的 DEA 模型。

9.2.1　规模报酬不变假设模型(CRS,Constant Returns to Scale)

该模型表示如下:设有 N 个决策单元,有 K 种投入和 M 种产出,对于第 i 个决策单元,$X_i = \{x_{1i}, x_{2i}, \cdots, x_{mi}\}^T$ 为 DMU_i 的投入;$Y_i = \{y_{1i}, y_{2i}, \cdots, y_{si}\}^T$ 为 DMU_i 的产出。x_{mi}、y_{si} 分别表示第 i 个 DMU 的第 m 项输入和第 s 项输出,那么可以将式(9-1)定义为生产可能性集:

$$T = \{(X,Y) \mid X \geqslant \lambda X, Y \leqslant \lambda Y, \lambda \geqslant 0\} \tag{9-1}$$

在 T 上,生产单元(X_i, Y_i)的产出总技术效率 θ 可由 DEA 的线性规划模型确定。DEA 模型可以用式(9-2)来表示：

$$
\begin{aligned}
&\mathrm{Min}_{\theta\lambda}\theta \\
&-Y_i + Y\lambda \geqslant 0 \\
\text{Subject to}\quad &\theta X_i - X\lambda \geqslant 0 \\
&\lambda \geqslant 0
\end{aligned}
\tag{9-2}
$$

其中，θ 为标量，λ 为一组常量向量。第一项"$-Y_i + Y\lambda \geqslant 0$"表示的是第 i 个生产决策单元生产的产出要不大于在前沿面上的点所生产的产出，即所有生产决策单元都被包含在前沿面之下。第二项"$\theta X_i - X\lambda \geqslant 0$"表示的是 θ 取最小值时，在保证现有产出水平不变的前提下，比起与其对应的最佳生产点可以减少的投入量的比例。利用 CRS 模型计算得到的 θ 为纯技术效率(PTE，Pure Technical Efficiency)。DEA 模型为每一个生产决策单元计算 λ 和 θ，与第 i 个生产决策单元相联系的 θ 值就是它的纯技术效率值，θ 的取值为 0 ~ 1，$\theta = 1$ 表示决策单元处于生产前沿面上方，因而是技术有效的，$0 < \theta < 1$ 表示该决策单元位于生产前沿面下方，因而是技术非有效的。

9.2.2 规模报酬可变假设模型(VRS，Variable Return to scale)

在农业生产当中，由于规模报酬递减规律，增加的投入数量不会引起产出按比例的增加。鉴于此，Charnes 和 Cooper(1985)修改了早先的 DEA 模型——CRS 形式，提出了一种基于可变规模报酬假设(VRS)的 DEA 模型。VRS 模型放弃了固定规模假设，衡量的是决策单元在可变规模下技术效率的大小。所以下面规模报酬可变假设的 DEA 模型——VRS 形式更适合人们的研究。DEA-VRS 模型的形式如下：

$$
\begin{aligned}
&\mathrm{Min}_{\theta\lambda}\theta \\
&-Y_i + Y\lambda \geqslant 0 \\
\text{Subject to}\quad &\theta X_i - X\lambda \geqslant 0 \\
&N1 \cdot \lambda = 1 \\
&\lambda \geqslant 0
\end{aligned}
\tag{9-3}
$$

式(9-3)中前两项与 CRS 模型中的定义相同，VRS 模型比 CRS 模型只增加了一项"$N1 \cdot \lambda = 1$"，该项表示的是规模效率可变的凸性限制。

利用 VRS 模型计算得到的 θ 为规模效率，并且得到规模报酬。规模报酬不变表示处于效率前沿线上，规模报酬递增表明有可能再适当增加投入(如农业灌溉用水量等)后获得更大比例的产出，规模报酬递减则意味着在增加投入后,产出的增长比例可能小于投入的增加比。综合效率则为灌区的农业生产综合效率,是一个灌区的资源配置能力和资源使用效率的综合体现,由纯技术效率和规模效率可以得到:

$$综合效率(TE,Technical\ Efficiency) = 纯技术效率(PTE) \times 规模效率(SE,Scale\ Efficiency) \tag{9-4}$$

9.2.3　改进的灌区农业用水效率测算方法——DEA - categorical 模型

当用传统的 DEA 方法测度不同灌区的水资源效率时,默认不同灌区均能达到相同的技术水平,以便探究各研究单元的技术差距和管理水平。实际上各灌区面临着不同的生产环境,各灌区的产业结构、水土资源禀赋等方面存在一定的异质性,不同类型灌区所面对的生产前沿事实上并不一致;考虑到这些因素,使用分类 DEA 模型测度水资源效率进行研究更为有效,其核心是针对灌区所处的环境及属性的差别,将灌区分成若干个处于相同属性的组,即把被评价的 DMU 分类成若干层,对它们进行用水效率的评估。

本研究使用 DEA - categorical 模型实现分类评估。将 DMU 按要素分为山水灌区(Ⅰ)、井泉灌区(Ⅱ)、山水井泉混合灌区(Ⅲ)三大类。第(Ⅰ)类仅在第(Ⅰ)类内部进行 DMU 间的效率评价,即使用 CRS 和 VRS 模型计算第(Ⅰ)类内部的 DMU 相对效率值;第(Ⅱ)类则需参照第(Ⅰ)类和第(Ⅱ)类进行评价,即把第(Ⅰ)类和第(Ⅱ)类合成一个新的数据集,使用计算第(Ⅰ)类时相同的方法计算效率;第(Ⅲ)类就是把三大类放在一起进行评价,即计算所有的效率值。

9.2.4　灌区农业用水效率的动态分析——Malmquist 模型

Malmquist 为全要素生产率指数,是由瑞士经济学家和统计学家 Sten Malmquist 在 1953 年提出的,最先是用来研究消费束是怎样在不同差异曲线上移动的。受其启发,Diewert 等在 1982 年的时候将这一思想应用到生产分析上,通过距离函数之间的比值来测度该指数,并对这种指数进行了命名,称为 Malmquist 指数。Fare、Grosskopf 等在 1989 年率先将此理论运用于实证研究中,同时将其与数据包络方法相结合,成功地测算出了距离函数。此后,这个理论被广泛应用于生产效率评价领域。Malmquist 指数在进行生产率变化分析中具有如下优点:构造 Malmquist 指数时不需要对具体的生产函数形式进行假设,从而避免了函数形式的错误;可对指数进一步做分解,得出更为细致的动态分析结果。

传统 CRS 和 VRS 模型只能评估某一时间点或时间段内 DMU 之间的相对效率值,即静态效率。本书使用 DEA – Malmquist 模型可以测算不同 DUM 在连续时间内生产效率和用水效率的动态变化。Malmquist 指数可以分解为追赶效应和前沿移动两个部分,即通常经济学中的 TFP 变化分解为生产效率变化和技术进步(狭义)两部分。

用 x 和 y 分别表示决策单元 DMU 的输入量和输出量,(x_t,y_t) 表示决策单元在 t 时刻的输入量、输出量,t 时期的生产可能集为 T_t,以 T_t 为参照,基于产出的 Malmquist 指数可以表示为:

$$\begin{cases} M_t(x_{t+1},y_{t+1},x_t,y_t) = \dfrac{D_t(x_{t+1},y_{t+1})}{D_t(x_t,y_t)} \\ M_{t+1}(x_{t+1},y_{t+1},x_t,y_t) = \dfrac{D_{t+1}(x_{t+1},y_{t+1})}{D_{t+1}(x_t,y_t)} \end{cases} \tag{9-5}$$

式中 $D_t(x_t,y_t)$——距离函数,其说明了 T 时刻的决策单元在 t 时刻的有效性;

$D_t(x_{t+1},y_{t+1})$——t 时刻的决策单元在 $t+1$ 时刻的有效性;

$D_{t+1}(x_t,y_t)$——$t+1$ 时刻的决策单元在 t 时刻的有效性;

$D_{t+1}(x_{t+1},y_{t+1})$——$t+1$ 时刻的决策单元在 $t+1$ 时刻的有效性。

根据上述公式可以构建从 t 时期到 $t+1$ 时期的 Malmquist 生产率指数。通过对全要素生产率指数的分解客观地衡量效率变动、技术变动与全要素变动之间的关系。从 t 时期到 $t+1$ 时期的 Malmquist 生产率指数为:

$$M_{t+1}(x_{t+1},y_{t+1},x_t,y_t) = (M_t \cdot M_{t+1})^{1/2} = \left[\frac{D_t(x_{t+1},y_{t+1})}{D_t(x_t,y_t)} \times \frac{D_{t+1}(x_{t+1},y_{t+1})}{D_{t+1}(x_t,y_t)}\right]^{1/2} \tag{9-6}$$

上述公式中,如果 M 值大于 1,说明从 t 期到 $t+1$ 期,该决策单元的全要素生产率增加,即生产力有进步,M 值越大,说明增加幅度越大;如果 M 值小于 1,表明全要素生产率降低,生产力出现了倒退;M 值等于 1,说明生产力没有发生变化。

Fare 等将全要素生产率指数进一步分解为:

$$M_{t+1}(x_{t+1},y_{t+1},x_t,y_t) = \frac{D_{t+1}(x_{t+1},y_{t+1})}{D_t(x_t,y_t)} \times \left[\frac{D_t(x_{t+1},y_{t+1})}{D_{t+1}(x_{t+1},y_{t+1})} \times \frac{D_t(x_t,y_t)}{D_{t+1}(x_t,y_t)}\right]^{1/2} \tag{9-7}$$

其中,使技术效率变化的指数为:

$$EC = \frac{D_{t+1}(x_{t+1}, y_{t+1})}{D_t(x_t, y_t)} \tag{9-8}$$

技术变化指数为：

$$TC = \left[\frac{D_t(x_{t+1}, y_{t+1})}{D_{t+1}(x_{t+1}, y_{t+1})} \times \frac{D_t(x_t, y_t)}{D_{t+1}(x_t, y_t)}\right]^{1/2} \tag{9-9}$$

所以，Malmquist 指数为：

$$\text{Malmquist 指数} = \text{技术效率变化指数 } EC \times \text{技术变化指数 } TC \tag{9-10}$$

技术效率变化指数 EC 反映了两个时刻之间技术效率的变化情况，表示从 t 时刻到 $t+1$ 时刻 DMU 的相对技术效率的变化，即技术效率变动指数，也就是"追赶效应"。它是决策单元技术效率的变化效应，反映 DMU 提高效率（组织、协调、管理能力等）的努力程度的变化。当 EC 大于 1 时，表明决策单元的生产更为靠近生产前沿面，即这一时刻内决策单元的相对技术效率有所改善；当 EC 小于 1 时，表明决策单元的生产更为远离生产前沿面，即相对技术效率出现了退步。技术变化指数 TC 反映了两个时刻之间技术的变动情况，表示从 t 时刻到 $t+1$ 时刻生产前沿面的移动情况，反映了"前沿面移动效应"。它反映了两个时刻所有 DMU 所参照的生产前沿的移动，表明了技术的进步与创新情况。

9.2.5　评价指标的建立

运用数据包络分析方法对一组决策单元进行效率评价的前提是建立一套合理的评价指标体系。评价目的不同，选取的评价指标也不同。即使针对同样的目的，选取的评价指标不同，得到的结果也千差万别。但不管是哪一种表示形式，都需要确定决策单元的投入、产出变量，即评价指标。

在指标选取中，需要遵循这样几个原则：

(1)指标个数要合适。DEA 理论中的拇指法则规定，决策单元个数至少要为评价指标个数的两倍。一旦指标个数较多，违背了拇指法则，将会导致有效决策单元个数较多，大大降低模型的区分度；而指标个数较少，则不利于发现问题，也无法为决策者提供充分的信息以辅助决策。

(2)选取的指标能够反映真实生产过程。这就要求指标选取尽量避免任意性和主观性，并能正确定义每一个指标的属性（或为投入变量，或为产出变量）。

(3)所选指标要易于获取数据。因为是基于数据的一种效率评价方法，效率值也通过投入、产出数据表示，所以没有数据，也就无法进行计算。

水是绿洲灌区的命脉,是最根本性的投入要素,是一切产出的根源。土地是农业生产的基础和载体,水和其他投入要素只有依附在土地上才能实现农业生产。灌区中,90%以上的水用于农田灌溉,而农田的绝大部分主要用来种植粮食。因此,土地可视为农业生产的固定投入要素,水资源等可视为可变投入要素。灌区水资源利用效率的高低,主要取决于是否有充足、可靠的水资源,即水资源(地表水和地下水)的丰度和用水情况是效率的控制性因素,但水资源能否用来灌溉,还取决于是否有配套的引水、输水、配水工程系统,也就是说,“引水量”“干支渠长度、密度”等因素同样决定着效率的高低。除此以外,灌区的管理水平对效率的高低也起着重要的作用。

本书选取各灌区的农业灌溉用水量、农业实际灌溉面积、灌区农业投资、乡村从业人数、渠系配套水平作为投入要素变量,将粮食产量作为产出要素变量。

9.3　流域灌区灌溉用水效率分析

石羊河流域总面积4.16万km^2,农业总用水量24.34亿m^3,占总用水量的85.7%。整个流域包括武威、金昌两市,其中武威市是石羊河流域经济、政治、社会发展的重点区域,人口占全流域的78.4%,灌溉面积占70%,GDP占61%,粮食总产量占80%,又因武威市所辖灌区是河西三大内陆河流域人口最集中、水资源使用程度最高、供需矛盾最突出的地区,故本书以武威市所辖灌区为案例区。

9.3.1　各灌区灌溉用水效率静态分析

农业灌溉相对水效率包括纯技术效率、规模效率和总技术效率。选择投入导向型模型,基于分类DEA方法,结合规模报酬不变CRS模型,测度2000~2016年石羊河流域武威市16个灌区的水资源利用在共同前沿下的总技术效率;结合规模报酬可变的VRS模型,测度其灌溉用水规模效率及规模报酬(规模报酬为2016年),计算结果如表9-1所示。

灌区农业水资源的技术效率是灌区管理水平和技术革新带来的效率,可由DEA的CCR模型直接获得。所有灌区17年的技术效率均值为0.781 4,说明各灌区的管理水平和技术应用及推广较快。其中,永昌灌区的技术效率最高,为0.993 8;最低的是安远灌区,只有0.469 7。技术效率低于0.6的有3个灌区,占18.75%;技术效率高于0.8的有9个,占56.25%。这些证明仍有近一半的灌区需要提高管理水平,并进行农业技术革新。

表9-1　武威市16个灌区DEA效率的计算结果(2016年均值)

序号	灌区名称	纯技术效率	规模效率	综合效率	规模报酬
1	西营灌区	0.897 4	1.000 0	0.897 4	递增
2	金塔灌区	0.743 7	0.849 2	0.631 6	不变
3	杂木灌区	0.847 8	0.994 8	0.843 4	递增
4	黄羊灌区	0.858 7	0.952 4	0.817 8	递减
5	张义灌区	0.598 2	0.945 7	0.565 7	递减
6	永昌灌区	0.993 8	0.994 1	0.987 9	递减
7	金羊灌区	0.886 7	0.873 8	0.774 8	递减
8	清源灌区	0.852 2	0.906 7	0.772 7	递减
9	古浪灌区	0.917 2	0.918 3	0.842 3	不变
10	古丰灌区	0.712 6	1.000 0	0.712 6	递减
11	大靖灌区	0.698 1	0.872 8	0.609 3	递减
12	安远灌区	0.469 7	0.991 1	0.465 5	不变
13	金强灌区	0.587 3	0.652 6	0.383 3	递增
14	红崖山水库灌区	0.621 5	0.876 3	0.544 6	递减
15	昌宁灌区	0.871 4	1.000 0	0.871 4	递减
16	环河灌区	0.946 7	0.996 7	0.943 6	不变
	平均值	0.781 4	0.926 5	0.729 0	—

整个研究区域农业灌溉用水规模效率平均值为0.926 5,可见研究区的规模效率值整体较高,说明整个武威灌区灌溉农田生产规模接近最优规模。根据各灌区值的分布,西营灌区、昌宁灌区、古丰灌区3个灌区达到规模效率值有效。其中,有11个灌区超过0.9,有4个介于0.8~0.9。仅1个灌区不足0.800 0,为金强灌区,其规模效率值0.652 6。

从计算结果来看,整个研究区的综合效率值都没有达到1,这说明所有灌区都没有实现现有水平下产出,农业灌溉面积、农业灌溉用水量等资源的投入最小。各灌区需通过减少投入或增加产出来提升综合效率。灌区生产效率的

DEA 综合效率值为 0.383 3 ~ 0.987 9,整个研究区的平均值为 0.729 0,表明灌区间差别较大,同时整体水平不高。这 16 个非有效灌区中,仅 7 个 DEA 综合效率值大于 0.8,8 个介于 0.4 ~ 0.8,占总数的 50%。这与近年来该地区的经济发展程度和国家对石羊河整个流域的综合治理政策的调整有关。与规模效率比较发现,各个灌区值的大小分布与综合效率较一致,说明省内技术差异对灌区生产效率的影响较小。

从规模报酬来看,有 4 个 DEA 有效灌区处于规模报酬不变区间,说明农业生产规模相比于其他灌区合理;西营灌区、杂木灌区及金强灌区等几个非 DEA 有效单元正处于规模报酬递增阶段,这些灌区的生产规模偏小,扩大生产投入有利于生产效率的提高;红崖山水库灌区、永昌灌区、清源灌区、黄羊灌区等处于规模报酬递减阶段,由于生产规模偏大,增大资源投入将使相对效率进一步下降。

9.3.2 不同类型灌区灌溉用水效率分析

使用 DEA - categorical 模型来实现分类评估。将 DMU 按要素分为山水灌区(Ⅰ)、井泉灌区(Ⅱ)、山水井泉混合灌区(Ⅲ)三大类,分别运用 VRS 模型和 CRS 模型,测算三大类型灌区 2000 ~ 2016 年的灌溉用水技术效率,测算结果如表 9-2 所示。

三大类灌区中,井泉灌区效率最高,下游山水井泉混合灌区最差。从时序变化看,中游山水灌区和井泉灌区总体均在提升,尤其是 2006 年后提升更快;2012 年后又有小幅下降,而后趋于平稳。但下游混合灌区却处在大幅度波动起伏的状态,直到流域治理规划实施后的 2010 年才逐渐稳步提升。这可能与近几年武威市政府大力调整农业种植结构,推进“设施农牧业 + 特色林果业”的主体生产模式有关。但是在推广过程中,要转变当地思想观念、改变惯有耕作方式、传授温室种植技术,这对当地传统的以粮食作物为主,为本的生产方式造成了极大的冲击,且在此期间当地农民一方面在适应,另一方面也在积极探索。

从规模效率的空间分布看,同样存在井泉灌区高于山水灌区的态势,其中黄羊、金塔、古浪、古丰等中游山水灌区明显低于其他各灌区。从规模报酬的角度进一步考察,绝大多数灌区又处在效率前沿上,红崖山水库灌区和黄羊灌区规模报酬递减,这意味着这些灌区粗放的生产模式急需调整。从时序变化看,2005 年、2008 年、2010 年和 2012 年,下游山水井泉混合灌区效率均出现明显的剧变,说明流域治理对下游的影响最为深刻。

表9-2 不同类型的灌区DEA效率

年份	山水灌区		井泉灌区		混合灌区	
	CRS	VRS	CRS	VRS	CRS	VRS
2000	0.757 4	0.903 3	0.821 0	0.970 9	0.722 7	1.000 0
2001	0.599 2	0.819 1	0.745 9	0.921 0	0.503 4	0.888 4
2002	0.749 4	0.943 5	0.853 2	0.939 9	0.595 4	0.901
2003	0.607 1	0.900 4	0.805 0	0.973 1	0.424 1	0.817 4
2004	0.791 4	0.911 7	0.951 1	0.960 5	0.708 8	1.000 0
2005	0.837 7	0.975 0	0.982 2	0.982 7	0.708 7	0.767 6
2006	0.638 1	0.874 8	0.901 2	0.890 6	0.563 6	0.928 7
2007	0.751 8	0.919 4	0.955 4	0.957 8	0.698 8	1.000 0
2008	0.819 9	0.939 2	0.939 9	1.000 0	0.403 3	0.445 6
2009	0.777 6	0.918 3	0.994 3	0.984 4	0.679 4	0.949 2
2010	0.864 8	0.932 8	0.951 1	0.962 2	0.744 7	0.732 7
2011	0.719 6	0.945 5	0.920 1	0.948 7	0.988 1	1.000 0
2012	0.769 8	0.949 9	0.937 6	0.954 9	1.000 0	1.000 0
2013	0.682 9	0.910 5	0.836 9	0.916 4	0.781 1	0.796 5
2014	0.691 5	0.932 7	0.829 8	0.952 5	0.799 8	0.809 8
2015	0.684 4	0.971 6	0.847 4	0.959 2	0.832 2	0.984 6
2016	0.695 8	0.980 7	0.891 1	0.967 9	0.884 2	0.975 3
平均值	0.731 7	0.925 2	0.892 0	0.955 5	0.708 1	0.882 2

9.3.3 灌区灌溉用水效率动态变化特征

传统的DEA模型CRS和VRS在计算时只能得到对应的各决策单元(灌区)单个时间点(每一年)的效率值,即静态效率值,并不能对灌区内年际动态效率值进行统一测算分析。使用Malmquist模型可对2000~2016年整个研究区域以及各类型灌区农业用水效率的动态变化情况进行测算并分析。

使用DEA-Malmquist模型,以各灌区17年间的截面数据测算*TFP*全要素生产率指数、技术效率变化指数*EC*(追赶效应)以及技术的有效性,测算各

DMU 时间序列上的效率变化情况，即技术变化指数 *TC*（前沿面移动效应）。变化趋势见图 9-1、图 9-2 和图 9-3，所得结果如表 9-3 所示。

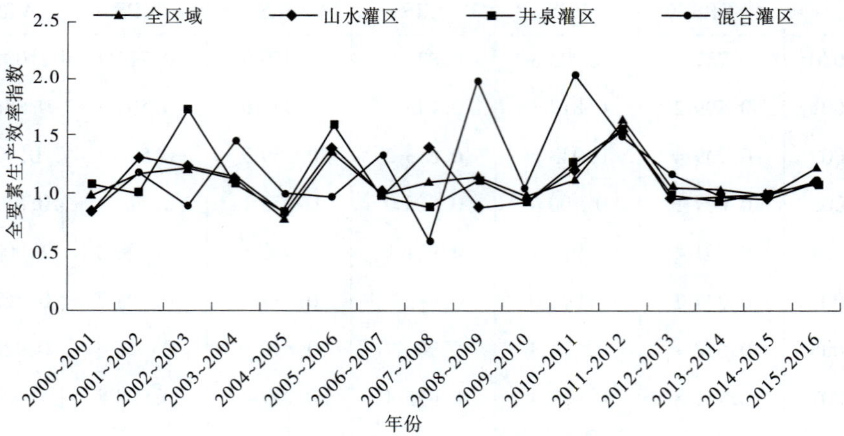

图 9-1　石羊河灌区 *TFP* 全要素生产效率指数

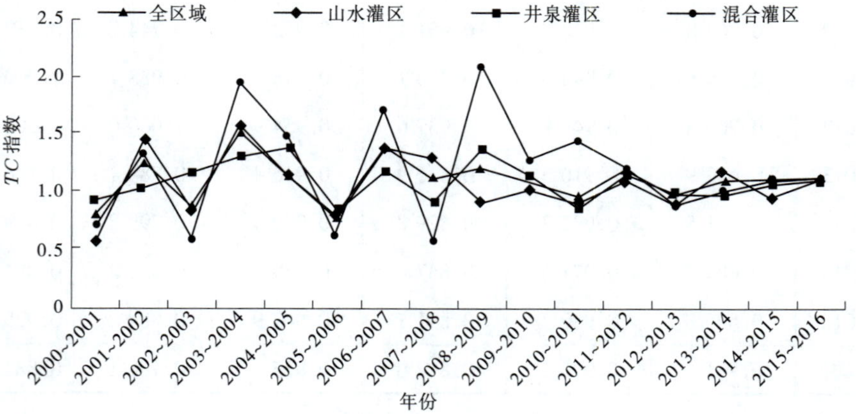

图 9-2　石羊河流域灌区 *TC* 指数

从整个研究区的 *TFP* 即全要素生产率值的变化情况来看，2000～2016 年，整个研究区的生产率变化指数降低了 10% 以上，表示该区域可能出现了技术效率的下降，也有可能是某些决策单元或具体年份出现了技术退步。测算的这 17 年中，2000～2001 年、2002～2003 年、2005～2006 年、2010～2011 年以及 2012～2013 年这 5 年间的 *TC* 都有所降低，*EC* 的结果也显示有多达 9 年出现了技术退步的情况。三类灌区 *EC* 的趋势大体相同，这证明技术效率的变化与灌区的自然禀赋关系不大。整个区域的 *TFP* 在 2012 年后开始逐步

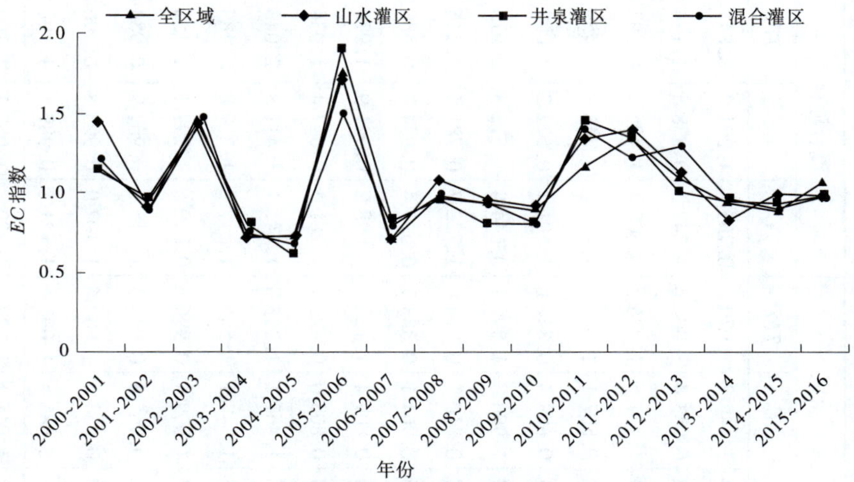

图 9-3　石羊河流域灌区 *EC* 技术效率指数

趋于稳定,而在这之前,*TFP* 值则呈现交替上升和下降的态势。

从图 9-1 可以看到,山水井泉混合灌区的 *TFP* 变化明显,从 2007 ~ 2009 年增长了近三倍之多。2007 年之前一直平稳变化,这可能与之前相应区域的生产模式投入配比没有进行较大改进有关。2011 年之后有较明显降低,早于全研究区以及其他两类灌区 *TFP* 下降时间。这说明通过实施石羊河流域重点治理规划,当地政府和水利部门进行了生产模式以及水资源利用结构的改革后,山水井泉灌区对这种改变的感受更加敏感。每当经历重要的政策节点(2003 年、2005 年、2008 年、2010 年)时,同样的变化趋势下,山水井泉混合灌区的变化幅度比其他类型灌区更为剧烈,这恰恰印证了此类灌区对技术变化(进步)的改变尤为灵敏。

值得注意的是,图 9-1、图 9-2、图 9-3 都在 2011 年前后呈明显的下降趋势,这说明造成区域全要素生产率 *TFP* 下降的原因是技术效率变化指数 *EC* 和技术变化指数 *TC* 共同作用的结果。自 2011 年后,不论是灌区的用水效率还是灌区的技术革新都不进反退。这可能是因为石羊河流域重点治理规划实施过半,国家、政府和水利部门等对该区域之前实施的相关政策做了较大的调整,各灌区的单位和农户都在努力适应当中;也可能是因为生产要素的配置结构做了大的改动,而统计部门并没有将详细的变化内容反映在统计数据上,以至于模型测算时所使用的数据并不全面,产生了结果的偏差。

表 9-3　不同灌区的 Malmquist 指数

年份	全区域			山水灌区			井泉灌区			混合灌区		
	TC	*EC*	*TFP*	*TC*	*EC*	*TFP*	*TC*	*EC*	*TFP*	*TC*	*EC*	*TFP*
2000～2001	0.832 6	1.182 2	0.984 3	0.572 9	1.451 6	0.831 6	0.939 4	1.149 2	1.079 6	0.705 4	1.201 2	0.847 3
2001～2002	1.282 9	0.915 6	1.174 6	1.457 7	0.899 8	1.311 6	1.044 2	0.963 4	1.006 0	1.342 5	0.878 8	1.179 8
2002～2003	0.867 7	1.416 6	1.229 2	0.842 5	1.472 5	1.240 6	1.184 3	1.457 6	1.726 2	0.600 4	1.486 6	0.892 6
2003～2004	1.532 4	0.741 7	1.136 6	1.586 4	0.719 8	1.141 9	1.319 2	0.807 1	1.064 7	1.955 6	0.746 1	1.459 1
2004～2005	1.142 9	0.710 4	0.811 9	1.141 7	0.725 4	0.828 2	1.388 3	0.609 4	0.846 0	1.501 1	0.672 2	1.009 0
2005～2006	0.785 7	1.755 3	1.379 1	0.811 8	1.732 1	1.406 1	0.841 3	1.900 8	1.599 1	0.644 8	1.512 3	0.975 1
2006～2007	1.418 9	0.695 6	0.987 0	1.394 5	0.694 9	0.969 0	1.200 2	0.810 7	0.973 0	1.722 7	0.781 5	1.346 3
2007～2008	1.117 8	0.985 0	1.101 0	1.297 1	1.081 1	1.402 3	0.916 6	0.964 1	0.883 7	0.597 4	0.984 2	0.588 0
2008～2009	1.214 2	0.943 6	1.145 7	0.917 7	0.956 6	0.877 9	1.386 6	0.809 4	1.122 3	2.098 2	0.941 9	1.976 3
2009～2010	1.084 5	0.904 1	0.980 5	1.022 4	0.915 5	0.936 0	1.145 8	0.803 0	0.920 1	1.281 3	0.807 4	1.034 5
2010～2011	0.973 7	1.158 6	1.128 1	0.901 2	1.348 5	1.215 3	0.855 6	1.467 1	1.255 3	1.447 1	1.411 8	2.043 0
2011～2012	1.204 5	1.352 1	1.628 6	1.115 4	1.401 1	1.562 8	1.160 5	1.344 1	1.559 8	1.217 8	1.219 8	1.485 5
2012～2013	0.954 8	1.107 9	1.057 8	0.864 4	1.125 5	0.972 9	0.987 3	1.009 4	0.996 6	0.890 6	1.297 1	1.155 2
2013～2014	1.100 2	0.943 1	1.037 6	1.184 8	0.822 5	0.974 5	0.977 7	0.965 8	0.944 3	1.015 6	0.967 9	0.983 0
2014～2015	1.101 5	0.894 6	0.985 4	0.952 2	0.993 1	0.945 6	1.071 9	0.933 5	1.000 6	1.102 9	0.903 8	0.996 8
2015～2016	1.122 1	1.080 2	1.212 1	1.116 8	0.981 9	1.096 6	1.111 9	0.983 5	1.093 6	1.121 1	0.989 1	1.108 9
平均值	1.108 5	1.049 2	1.123 7	1.073 7	1.082 6	1.107 1	1.095 7	1.061 1	1.129 4	1.202 8	1.050 1	1.192 5

第 10 章　石羊河流域农业灌溉用水效率的影响因素分析

用 DEA 方法测算了宏观层面石羊河流域各灌区的农业灌溉用水技术效率,并对效率在不同类型灌区间的差异进行了测算,同时基于技术效率估算结果进一步估计了石羊河流域及各灌区的农业节水潜力。由于各地区自然气候条件和社会发展程度的差异,影响农业用水效率的因素是错综复杂的,各地区农业用水效率也存在着明显的差异。

为了进一步研究影响石羊河流域灌溉用水效率的因素,明确这些因素与农业灌溉用水技术效率的关系,本章试图定量分析各因素对灌溉用水效率的影响程度,探究各因素与灌溉用水效率间的关系,为各地区相关水利部门达到节约用水、提高用水效率而采取相应措施提供切实的现实依据,对于各地区水资源利用以及农业经济的可持续发展具有重要的指导意义。本章分析了影响灌溉用水效率的原因并提出假设,介绍了 Tobit 计量模型,通过模型运算验证假设。

10.1　灌溉用水效率影响因素

从现有其他地区研究结论出发并结合石羊河流域农业灌溉用水实际情况看,影响目前石羊河流域农业灌溉用水技术效率的因素如下所述,各因素对灌溉用水效率影响效应假设如表 10-1 所示。

表 10-1　各因素对灌溉用水效率影响效应假设

变量名称		影响效应假设
自然气候条件	降水量	正
	气温	负
经济发展特征	人均 GDP	正
	农户人均纯收入	正
	农业用水与工业用水比例	负

续表 10-1

变量名称		影响效应假设
农业水利设施建设	水库数量	正
	水库容量	正
	干支渠防渗长度	正
农业用水特征	粮食作物面积比重	负
	人均农业用水量	负

10.1.1 自然环境因素

10.1.1.1 **降水量**

石羊河流域地处内陆中纬度地带,形成了明显的温带大陆性气候。由于受气候条件、地理位置和地貌等因素的影响,石羊河流域各地区无论是降水量还是水资源量都分布极不均匀。总的分布趋势是由北向南随高程而增加,降水中心在冷龙岭附近的高山冰川分布区,年降水量可达 700 mm 以上,是本区亦是整个祁连山地降水量最多的地区。在南部祁连山区,降水量具有自东南向西北递减的趋势,山区降水量由东南部的 700 mm 左右向西北递减至 300 mm 左右。走廊区降水量亦是自东南向西北减少,由东南部的 300 mm 降至西北部的 100 mm。降水量受地形的影响很大,区域性差异十分明显。降水资源的多少是衡量一个地区水资源丰富程度的重要方面,降水量越多,则需要灌溉水量越少。因此,降水量的影响效应假设为正效应。

10.1.1.2 **气温**

农业用水被作物利用的过程是从水源取水,通过渠道输水到达田间,然后经过作物蒸发蒸腾,最后生产出农产品,每个环节都存在效率损失的问题。石羊河流域气温受海拔的影响,东西间的差别较为突出,走廊区东部的古浪年平均气温为 5.2 ℃、永昌年平均气温为 5.1 ℃,中部的武威年平均气温为 8.0 ℃,而北部的民勤年平均气温可达 8.3 ℃;蒸发量则自东南向西北增加,由东南部的 1 000 mm 以下增至西部的 2 000 mm 以上。更高的温度将降低渠水利用效率和增加作物蒸腾作用,加快农业生产中水资源的消耗,使得农业用水使用效率降低。因此,将温度值作为模型的变量,假设它对因变量的影响效应为负。

10.1.2　经济发展状况

10.1.2.1　人均GDP

就水资源来讲，经济发展水平与农业用水效率密切相关。研究发现，区域经济发展水平与区域水资源使用效率成正比。由于区域经济发展的不平衡，导致了区域之间水资源利用政策的差异，区域社会经济发展对水资源开发程度也就不同。首先，经济实力的差距导致水资源利用效率的差异。经济发达地区经济实力雄厚，可以投入更多的资金建设水利设施，购买节水设备，采用先进节水技术。而经济实力较弱的落后地区，往往不能通过投资提高水资源利用效率。其次，经济增长所处的阶段不同也会导致水资源利用效率的差异。水资源作为一种经济资源，它的稀缺性使得经济发达地区在资源争夺的竞争压力下会采用集约型的经济增长方式，通过节约资源来减少成本。落后地区更加强调经济发展的速度，采用粗放的经济发展方式，不利于水资源利用效率的提高。最后，资源和环境的关注程度不同也会导致水资源利用效率的差异。在经济较为发达的区域，由于教育水平的原因，人们往往对于资源利用的关注度较高，因而有较强的节水意识和主动的节水行为，在农村表现为采用农业节水技术，使得水资源利用率得到提高；相反，在经济落后区域，人们则更加关注经济增长，缺乏节水意识，从而导致水资源利用效率的低下。用人均GDP来衡量经济发达程度，假设人均GDP影响效应为正。

10.1.2.2　农户人均纯收入

农村经济发展程度与农户人均纯收入密切相关。农户人均纯收入越高，表明农民可以在灌溉水利用方面增加更多的投入，修建和完善水利设施，有利于用水效率的提高。因此，假设农户人均纯收入与灌溉用水技术效率呈正相关关系。

10.1.2.3　农业用水与工业用水比例

农业用水与工业用水比例代表着一个地区的经济发展水平。一般来说，该比例越高，意味着这一地区工业发展越落后。通过采用喷灌、滴灌、微喷灌等任何一种高效节水灌溉技术提高农业用水效率都需要节水设备制造业的支持，因此假设其影响效应为负。

10.1.3　农用水利设施建设

农田水利设施包括农村水源工程、防洪工程、大型灌排工程等。农田水利设施是农业生产的重要条件，对于保证粮食生产、改善农业生产条件、巩固农业的国民经济基础地位，发挥着至关重要的作用，水利设施对于水资源日趋短缺的石羊河流域来说尤为重要。农田水利设施具有很强的正外部性，作为公共物品，不仅为农业提高经济价值，也创造着巨大的社会价值，其所提供的社会边际效用远大于个人边际效用，因此水利设施状况是影响灌溉用水效率的重要方面。基于数据的可获得性，用水库数量和水库容量两个指标表示水利设施状况。水库数量越多，水库容量越大，意味着可以蓄积和合理利用的水资源量越多，水资源利用效率自然也就越高。因此，假设水库数量、容量对因变量的影响效应均为正。

10.1.4 农业用水特征

石羊河流域灌溉用水约占农业总用水量的80%以上，可以通过种植业结构调整达到节水的目的。农业作物可分为粮食作物和经济作物。石羊河流域农业生产的粮食作物主要有小麦和玉米，经济作物主要包括蔬菜、苹果、棉花和大豆等。由于作物水分利用效率存在较大差别，农业种植结构直接影响农业用水构成。本书用粮食作物播种面积占总播种面积的比重表示种植结构，虽然经济作物灌溉需水量要大于粮食作物灌溉需水量，但是经济作物的价值要远大于粮食作物，因此经济作物的单位水资源产值要大于粮食作物的单位水资源产值，粮食作物的种植面积越大，农业用水效率将会越低，由此假设该指标与农业用水效率呈负相关关系。

农业用水特征的另一指标——人均农业用水量，是影响农业用水效率的因素之一。该指标越高，意味着在农业生产中每人可利用的水资源量越多，面临的水资源短缺压力也就越小，使得人们的节水积极性降低。据此假设人均水资源量影响效应为负。

如前所述，影响灌溉用水技术效率的因素包括自然气候条件、经济发展特征、农用水利设施建设和农业用水特征等。本书将灌溉用水技术效率作为被解释变量，选择现有研究文献普遍采用的降水量、气温、人均 GDP、农户人均纯收入、农业用水与工业用水比例、水库数量、水库容量、干支渠防渗长度、粮食作物占播种面积比重、人均农业用水量等变量作为解释变量，对影响灌溉用水效率的因素进行回归分析。

10.2 灌溉用水效率影响因素分析模型

Tobit 模型是瑞典经济学家 Tobin 于 1958 年提出来的一种计量经济学模

型。该模型解决的是当因变量是受限因变量时的估计。受限因变量是指因变量的观测值是连续的,但是受到某些限制,得到的观察值并不完全反映因变量的实际状态。当出现因变量受限问题时,不宜采用普通最小二乘法回归,需要采用最大似然值估计法原理估计的 Tobit 模型。Tobit 是一种"删失"模型,"删失"并不是把数据从样本中删去,其本质上是对出现有"删失"数据时的普通回归模型进行适当的处理。当只能取得因变量的部分值时,可以考虑"删失"回归模型。由于 DEA 方法测算的技术效率系数是 0 ~ 1 的截尾数据,因而适合采用 Tobit 回归分析方法。该模型的一般形式可以表示为:

$$y_i = \beta_0 + x_i\beta + \varepsilon_i \tag{10-1}$$

式中, $i = 1,2,\cdots,k$;y_i 为因变量;x_i 为一组独立自变量; β_0 和 β 为一组带估计参数; ε_i 为一组正态分布的随机误差。这个模型的形式和普通回归是一样的,不同的是,因变量是"删失"的。在模型中,因变量 Y 符合以下条件:

$$y_i = \begin{cases} 0 & (y_i^* \leqslant 0) \\ y_i^* & (y_i^* > 0) \end{cases} \tag{10-2}$$

上述模型称为规范的 Tobit 模型。在模型当中,所有取负值的因变量 Y 都取 0 值,这叫作"左删失"的 Tobit 模型。在本书中,由于 DEA 模型测算的效率为(0,1],那么拥有左右两个边界值的 Tobit 模型可表示为:

$$IWUTE_i = \begin{cases} 0 & (\delta_0 + \sum_k \delta_k X_{ki} + \varepsilon_i \leqslant 0) \\ IWUTE_i^* & (0 < \delta_0 + \sum_k \delta_k X_{ki} + \varepsilon_i \leqslant 1) \\ 1 & (\delta_0 + \sum_k \delta_k X_{ki} + \varepsilon_i > 1) \end{cases} \tag{10-3}$$

其中, $IWUTE_i = \delta_0 + \delta_1 PRET + \delta_2 TEMP + \delta_3 GDP + \delta_4 INCOME + \delta_5 APER + \delta_6 RES + \delta_7 CAPA + \delta_8 TBCL + \delta_9 GRST + \delta_{10} PERCA$;$\delta_0,\delta_1,\cdots,\delta_{10}$ 为带估计参数, ε_i 为正态分布的误差项 ,X_{ki} 为一组独立自变量。

10.3　灌溉用水效率影响因素分析

10.3.1　灌溉用水技术效率影响因素分析

将 DEA 测算的 2006 年、2011 年和 2016 年流域用水总技术效率得分作为因变量建立 Tobit 模型,运用 Eviews6.0 对全部样本点数据用最大似然值法进行估计。模型结果如表 10-2 所示。

表 10-2　技术效率值为因变量的 Tobit 模型回归结果

自变量	回归系数	标准误差	z 统计量	P 值
常数项	-6.785 536	3.684 439	-1.841 674	0.059 1*
降水量	0.010 118	0.003 899	2.595 024	0.004 4***
气温	0.293 008	0.134 766	2.174 198	0.031 4**
农户人均纯收入	-0.000 194	0.001 037	-0.187 078	0.710 2
人均 GDP	-0.024 522	0.082 192	-0.298 350	0.074 8*
农业用水与工业用水比例	-0.139 796	0.049 472	-2.825 760	0.003 9***
水库数量	-0.026 671	0.008 101	-3.292 310	0.001 9***
水库容量	0.000 118	0.009 058	0.013 027	0.338 2
干支渠防渗长度	0.127 414	0.049 839	2.556 512	0.008 2***
粮食作物占播种面积比重	6.037 642	4.271 160	1.413 584	0.086 4*
人均农业用水量	0.027 490	0.008 178	3.361 458	0.003 1***

注：*、**、***分别表示在 10%、5%和 1%水平下显著。

结果显示，降水量与灌溉技术效率存在正相关关系，因为高的降水量可以降低单位面积灌溉用水，可以明显增加作物产量，从而提高灌溉技术效率。这说明石羊河流域各地区的灌溉技术效率与其资源禀赋是有明显关系的。而这与预期结果不相一致的是，温度在 5% 的显著条件下显著，而且系数为正。这可能是对于农业生产来说，温度与农作物产量关系密切，温度在一定范围内稍偏高会增加作物产量。

与预期结果相冲突的是，水库数量对灌溉用水技术效率有显著的负向影响，更多的水库数量可以改变人们对未来用水的预期，人们缺乏对水资源重要性的认识，因此缺乏节水灌溉的动力，所以会造成水资源浪费、水资源利用效率低的现象。水库容量的大小的回归系数为正，但不显著，水库容量的增加可以促进灌溉用水技术效率的提高，但这种影响不显著。

粮食作物占播种面积的比重符号为正，尽管经济作物种植在产值上要高于粮食作物，然而粮食作物比经济作物的灌溉用水效率要高，说明由于经济作物效益更高，农户将大量的灌溉水用来灌溉经济作物，造成实际用水超过了经济作物的需水量。人均农业用水量与农业用水效率有显著的正相关关系，显著水平在1%以下。

农民纯收入指标的符号为负且不显著。说明农民收入提高，他们灌溉用水效率反而降低。这与本书假设不符，可能因为近年来农民人均纯收入虽然提高，但是由于水利设施属于公共物品，农民个人不会投资于水利设施建设，对灌溉用水效率没有影响。农业用水与工业用水比例指标的显著性水平低于1%且符号为负，说明农业用水与工业用水比例与农业用水效率有很强的负相关关系。农业用水与工业用水比例越小，该地区工业也就越发达，那么工业可提供给农业的技术设备也就越多，用水效率越高。结果显示，人均GDP的符号为正，意味着在自然条件相似的情况下，经济发达地区比经济落后地区有更高的灌溉用水效率。

10.3.2　灌溉用水规模效率影响因素分析

在前述分析的影响因素中，认为气温、水库数量、水库容量、干支渠防渗长度、粮食作物与经济作物比重、农民人均纯收入、农业用水比例、人均农业用水量、人均GDP等因素会对各地区灌溉用水规模效率有影响，需要指出的是，我们把人均GDP平方也作为自变量加以分析，来考虑经济增长对灌溉用水规模效率的长期影响。以DEA测算的流域灌溉用水规模效率得分作为因变量，上述指标作为自变量建立Tobit模型，运用Eviews 6.1对全部样本点数据用最大似然值法进行估计，模型结果如表10-3所示。

表10-3　规模效率值为因变量的Tobit模型回归结果

自变量	回归系数	标准误差	z统计量	P值
常数项	-4.764 482	2.374 382	-2.006 620	0.089 9*
气温	0.172 234	0.082 758	2.081 176	0.018 8**
农户人均纯收入	-0.001 030	0.000 828	-1.243 961	0.107 6
人均GDP	0.000 301	0.000 081	3.739 130	0.026 9**
人均GDP平方	-6.82×10^{-8}	0.000 002	-0.032 476	0.054 9*
农业用水与工业用水比例	0.062 176	0.035 981	1.728 004	0.032 2**
水库数量	-0.021 005	0.008 241	-2.548 841	0.018 6**

续表 10-3

自变量	回归系数	标准误差	z 统计量	P 值
水库容量	0. 000 020	0. 000 068	0. 294 985	0. 038 3**
干支渠防渗长度	0. 302 364	0. 080 982	3. 733 723	0. 005 8***
粮食作物占播种面积比重	-3. 186 477	2. 156 791	-1. 477 416	0. 082 6*
人均农业用水量	0. 000 026	0. 000 011	2. 388 889	0. 019 9**

注：*、**、***分别表示在 10%、5% 和 1% 水平下显著。

回归结果显示，水库数量、农民人均纯收入与灌溉规模效率呈负向相关关系，气温、水库容量、干支渠防渗长度、人均农业用水量、农业用水与工业用水比例和人均 GDP 等因素与灌溉规模效率呈正相关关系。农业灌溉是存在规模经济的，模型中的人均 GDP 的符号为正，而人均 GDP 平方为负，人均 GDP 和人均 GDP 平方指标都通过了显著性检验。由此可知，灌溉用水规模效率与人均 GDP 呈现“倒 U 形”曲线关系。水库容量和人均农业用水量对灌溉规模效率表现出显著的正相关关系，可见，增加现有水库容量和提高农业用水总供给量可以带来更高的规模效率。粮食作物占播种面积的比重指标为负，说明粮食作物种植的灌溉水规模效率要高于经济作物种植的灌溉水规模效率。

参考文献

[1]史银军.基于水资源转化模拟的内陆河流域水资源优化配置研究[D].杨凌:西北农林科技大学,2011.

[2]郭承录.石羊河流域综合管理策略研究[D].兰州:甘肃农业大学,2009.

[3]陈菲.石羊河流域灌区农业用水效率研究[D].兰州:西北师范大学,2018.

[4]张廉祥.石羊河流域武威属区水资源合理配置与模拟研究[D].杨凌:西北农林科技大学,2010.

[5]李斌,王以兵,丁林.石羊河流域井灌区管道灌溉系统优化模式研究[J].人民黄河,2012,34(1):102-104.

[6]刘彦麟.石羊河流域水资源矛盾冲突及其管理研究[D].兰州:甘肃农业大学,2018.

[7]张潜.甘肃省石羊河流域农业节水模式研究[J].水利规划与设计,2015(11):6-8.

[8]曾魁.对古浪河在古浪灌区管理体制及运行机制改革的思考[J].甘肃农业,2014(12):47-48.

[9]张国庆.红崖山灌区节水灌溉技术探析[J].农业科技与信息,2014(24):26-27.

[10]许建中,赵竞成,高峰,等.灌溉水利用系数综合测定法[J].中国水利,2004(7):45-47,5.

[11]曹进军.石羊河流域典型灌区水权交易市场模式与保障措施[J].中国水利,2018(13):19-22,4.

[12]D Merchán,J Causapé,R Abrahão,et al. Assessment of a newly implemented irrigated area (Lerma Basin, Spain) over a 10 year period. I: Water balances and irrigation performance [J]. Agricultural Water Management,2015:158.

[13]魏冬青,赵映东,张德栋.石羊河流域水资源变化分析与保护利用建议[J].中国水利,2019(15):19-21,15.

[14]许建中,赵竞成,高峰,等.灌溉水利用系数综合测定法实例分析[J].中国农村水利水电,2005(1):55-58.

[15]汪富贵.大型灌区灌溉水利用系数的分析方法[J].节水灌溉,2001(6):25-26,46.

[16]喻云.渠道水利用系数的计算与应用[J].农田水利与小水电,1989(11):13-15.

[17]白美健,谢崇宝,许迪,等.灌区配水渠道流量损失计算方法的探讨[J].节水灌溉,2002(4):8-9,46.

[18]李玉.徒骇河流域水环境现状评价及管理模式优化[D].济南:山东大学,2017.

[19]张雷,鲁春霞,吴映梅,等.中国流域水资源综合开发[J].自然资源学报,2014(2):295-303.

[20]王赫.我国流域水环境管理现状与对策建议[J].环境保护与循环经济,2011(7):64-

67.
[21]田丽丽,姜博, 付义. 全国水污染现状分析[J]. 黑龙江科技信息, 2012(25):61.
[22]胡德胜,王涛. 中美水质管理制度的比较研究[J]. 中国地质大学学报(社会科学版), 2016(5):12-20.
[23]Keupers I,Willems P. Development and testing of a fast conceptual river water quality model[J]. Water Research, 2017(113):62-71.
[24]王丽娟,潘俊,杨鑫,等. 三种水环境质量评价方法比较分析[J]. 地下水, 2011, 33(3):103-104.
[25]刘聚涛,高俊峰,姜加虎. 不同模糊评价方法在水环境质量评价中的应用比较[J]. 环境污染与防治, 2010(1):20-25.
[26]梁增强,马民涛,杜改芳. 基于信息熵权改进综合水质标识指数法及应用[J]. 四川环境, 2013, 32(3):38-42.
[27]胡志东,吴泽宁,蒋桂芹,等. 基于熵权的水环境质量评价物元分析模型及其应用[J]. 气象与环境科学, 2009, 32(3):64-67.
[28]杨建波. 水环境质量评价方法及实证分析[J]. 资源节约与环保,2013(5):37-38.
[29]寇怀忠. 法国流域水资源管理的模式及启示[J]. 水利信息化, 2015(2):1-4.
[30]贾颖娜,赵柳依,黄燕. 美国流域水环境治理模式及对中国的启示研究[J]. 环境科学与管理, 2016,218(1):25-28.
[31]王志江. 综合评价多目标决策模型的探讨[J]. 西安矿业学院学报, 1992(4):307-310.
[32]郭振仁. 我国未来水环境管理机制探讨[J]. 中国环境管理, 2001(1):15-16.
[33]黄殊涵,李艳岩. 美、澳水权制度对中国水权制度完善的法律启示[J]. 法制与社会, 2009(5):47-48.
[34]Backeberg G. Water institution markets and decentralised resource management:prospects for innovative policy reforms in irrigated agriculture[J]. Backeberg,1997,(12):66-68.
[35]Chambers S and Adamson D. Targeting environmental water from irrigators in the murray darling basin[R]. Australian Research Council Federation Fellowship,2006:80-88.
[36]李永根. 节水水价制定理论与方法初探[[J]. 南水北调与水利科技,2004(5):40-42.
[37]喻玉清,罗金耀. 可持续发展条件下的农业水价制定研究[J]. 灌溉排水学报,2005(2):77-80.
[38]刘子增. 和谐水价模型研究[J]. 中国农村水利水电,2010(3):84-86.
[39]周涛. 宁夏引黄灌区井渠结合灌溉实践与探索[J]. 中国水利,2010(11):56-57.
[40]王克强,刘红梅. 建立精准的用水计量体系和累进的农业用水价格机制的调查研究[J]. 软科学,2010(2):99-102.
[41]Randolph B, Gilbert L. Water productivity in context:The experiences of Taiwan and the philippines over the past half-century[R]. IWMI Research Report,2012:80-90.

[42]Sarah C,David A. Targeting environmental water from irrigators in the murray darling basinl [R]. Australian Research Council Federation Fellowship,2006:37-45.

[43]Cornish G,Perry C,Burke J. Water charging in irrigated agriculture[R]. FAO Water Report,2004(36):41-43.

[44]Stijn S, Jeroena B, Aymena F. Estimating the effect of ovate charge introduction at small-scale Irrigation schemes in North West Province,South Africe[J]. EAAE Seminar,2008,(107):60-65.

[45]范战平. 水权制度变迁的动因考察[J]. 河南社会科学,2006(6):106-109.

[46]胡鞍钢,王亚华. 从东阳—义乌水权交易看我国水分配体制改革田[J]. 中国水利,2001(6):35-37.

[47]罗慧,李良序,王梅华,等. 水权准市场交易模型及市场均衡分析[J]. 水利学报,2006(4):492-498.

[48]刘芳,苗旺,孙悦,等. 转型期水权管理的进展研判及改革路径研究——以山东省为例[J]. 吉首大学学报(社会科学版),2018,39(1):95-103.

[49]彭莉,苗旺,孙悦. 我国水资源管理模式探讨[J]. 水资源保护,2005(3): 42-45.

[50]刘妍. 水权交易的相关理论和方法研究[D]. 天津:天津大学,2007.

[51]徐存东,姚志鹏,李振,等. 基于模糊层次分析法的混凝土结构耐久性等级评估模型及应用[J]. 水电能源科学,2019,37(3):95-99.

[52]韩刚. 基于可拓云模型的城市道路交通安全评价方法研究[D]. 武汉:华中科技大学,2018.

[53]郭唯,左其亭,靳润芳,等. 郑州市最严格水资源管理绩效评估体系及应用[J]. 南水北调与水利科技,2014,12(4):86-91.

[54]任珩,赵成章,安丽涓. 基于突变级数法的民勤绿洲水资源管理政策绩效评价[J]. 资源科学,2014,36(5):922-928.

[55]练湘津,李淼,乔根平. 加快实施最严格水资源管理制度试点中期评估指标体系研究[J]. 水利发展研究,2014,14(5):1-3.

[56]于钋,方瑞,王光生,等. 地下水质监督性考核技术方法研究[J]. 水文,2013,33(4):55-58,54.

[57]杨建青,章树安,陈喜,等. 国内外地下水监测技术与管理比较研究[J]. 水文,2013,33(3):18-24.

[58]许一川. 地下水总量控制和水位控制管理模式研究[D]:北京:中国地质大学,2013.

[59]贾翔. 甘肃省民勤县水权交易制度构建研究[D]. 兰州:兰州大学,2013.

[60]王晓娟,陈金木,王霁霞. 地方水利法制建设评估及其指标体系构建[J]. 水利发展研究,2012,12(9):68-71,10.

[61]马韧. 我国地下水监测站网建设现状[J]. 农业与技术,2012,32(5):20-22.

[62]姜斌,邵天一. 国外地下水管理制度经验借鉴[J]. 水利发展研究,2010,10(6):68-73.

[63]赵辉,齐学斌.地下水资源管理新技术与新方法[J].中国水利,2009(15):30-33.
[64]罗元华.荷兰地下水资源管理及借鉴意义[J].中国地质,1997(5):34-37.
[65]钱涵.基于超采区评价的深圳市地下水管理评估体系的构建[D].北京:中国地质大学,2018.
[66]刘思妤.地下水超采区管理评估体系的构建[D].北京:中国水利水电科学研究院,2017.
[67]王伟.地下水超采区管理评估体系建设[D].北京:中国地质大学,2012.
[68]薛彩霞,黄玉祥,韩文霆.政府补贴、采用效果对农户节水灌溉技术持续采用行为的影响研究[J].资源科学,2018,40(7):1418-1428.
[69]朱美玲,刘军.西北干旱区农业高效节水区域效益评价指标体系研究[J].节水灌溉,2016(2):95-100.
[70]张秀凤.泽口灌区续建配套与节水改造工程效果实证研究[D].武汉:华中科技大学,2016.
[71]张会敏,李占斌,姚文艺,等.灌区续建配套与节水改造效果多层次多目标模糊评价[J].水利学报,2008(2):212-217.
[72]杨哲.武威市凉州区清源灌区农业水价综合改革试点探索[J].农业科技与信息,2015(10):30-31.
[73]贺志武,胡伦,陆迁.农户风险偏好、风险认知对节水灌溉技术采用意愿的影响[J].资源科学,2018,40(4):797-808.
[74]王雪.民勤县五个灌区种植业结构调整的节水效益评价[D].兰州:甘肃农业大学,2018.
[75]胡小军.民勤绿洲水资源管理政策的农户响应研究[D].兰州:兰州大学,2014.
[76]王文川,李筱峰,徐冬梅,等.大型灌区节水改造综合效益评价方法研究[J].中国农村水利水电,2012(1):119-123.
[77]董斌,崔远来,黄汉生,等.国际水管理研究院水量平衡计算框架和相关评价指标[J].中国农村水利水电,2003(1):5-8.
[78]许迪.灌溉水文学尺度转换问题研究综述[J].水利学报,2006(2):141-149.
[79]张永.石羊河流域植被覆盖与荒漠化动态研究[D].兰州:甘肃农业大学,2018.
[80]任媛,刘普幸.基于EVI和MNDWI指数的石羊河流域水体、植被时空变化特征[J].冰川冻土,2018,40(4):853-861.
[81]代小平,陈菁,陈丹,等.基于层次-集对分析方法的区域农业节水技术选择方法[J].灌溉排水学报,2013,32(5):91-95.
[82]王格玲,陆迁.社会网络影响农户技术采用倒U型关系的检验——以甘肃省民勤县节水灌溉技术采用为例[J].农业技术经济,2015(10):92-106.
[83]周玉玺,周霞,宋欣.影响农户农业节水技术采用水平差异的因素分析——基于山东省17市333个农户的问卷调查[J].干旱区资源与环境,2014,28(3):37-43.

[84]刘亚克,王金霞,李玉敏,等. 农业节水技术的采用及影响因素[J]. 自然资源学报,2011,26(6):932-942.

[85]杨文光,朱美玲. 农业用水水权交易发展研究及展望——以新疆昌吉州为例[J]. 农业展望,2018,14(7):34-37.

[86]曹进军. 石羊河流域典型灌区水权交易市场模式与保障措施[J]. 中国水利,2018(13):19-22,4.

[87]石占涛. 基于水权交易的兰州市水资源优化配置研究[D]. 兰州:兰州理工大学,2018.

[88]刘欢欢. 水权转让的政府管制及影响评价研究[J]. 法制博览,2018(10):63-64.

[89]薛福洋. 中国水权市场运行效果[D]. 大连:大连理工大学,2017.

[90]侯慧敏,王鹏全,张永明,等. 石羊河流域水权交易试点实践方案[J]. 节水灌溉,2016(4):86-89.

[91]巨栋. 跨区域水权转让模式评价及优化[D]. 成都:四川省社会科学院,2016.

[92]王国富. 民勤县水权交易机制的优化研究[D]. 兰州:兰州大学,2013.

[93]史银军. 基于水资源转化模拟的内陆河流域水资源优化配置研究[D]. 杨凌:西北农林科技大学,2011.

[94]李新. 水权和流域初始水权分配初步研究[D]. 武汉:长江水利委员会长江科学院,2011.

[95]赵学涛,石敏俊,马国霞. 初始水权与内陆河流域水资源分配利益格局调整——以石羊河流域为例[J]. 资源科学,2008(8):1147-1154.

[96]杨向辉. 我国水权转换模式及转换价值评估研究[D]. 南京:河海大学,2006.

[97]姚傑宝. 流域水权制度研究[D]. 南京:河海大学,2006.

[98]沈满洪. 论水权交易与交易成本[J]. 人民黄河,2004(7):19-22,46.

[99]贾翔. 甘肃省民勤县水权交易制度构建研究[D]. 兰州:兰州大学,2013.

[100]张勇,常云昆. 国外水权管理制度综合比较研究[J]. 水利经济,2006(4):16-19,23,81.

[101]张平. 国外水权制度对我国水资源优化配置的启示[J]. 人民长江,2005(8):13-14.

[102]刘红利. 区域初始水权分配与水权交易决策模型研究[D]. 济南:山东农业大学,2019.

[103]吕海涛,张凡. 水权配置视角下新型农业节水机制和路径研究[J]. 水利经济,2018,36(4):19-22,32,75-76.

[104]代小平,仵峰,张亮,等. 灌区农业水权分配存在的问题及对策探讨[J]. 华北水利水电大学学报(自然科学版),2018,39(3):68-72.

[105]刘彦麟. 石羊河流域水资源矛盾冲突及其管理研究[D]. 兰州:甘肃农业大学,2018.

[106]王静,王礼力,王雅楠. 社会资本对农户参与农民用水协会意愿的影响研究[J]. 农业现代化研究,2018,39(2):309-315.

[107]王俊燕.流域管理中社区和农户参与机制研究[D].北京:中国农业大学,2017.
[108]赵兴文.浅谈永昌灌区农民用水户协会参与灌区水利管理的作用[J].农业科技与信息,2016(13):26-27.
[109]常跟应,王鹭,张文侠.民勤县农民对石羊河流域节水政策及节水效果认知[J].干旱区资源与环境,2016,30(2):13-19.
[110]胡小军. 民勤绿洲水资源管理政策的农户响应研究[D].兰州:兰州大学,2014.
[111]窦新丽. 石漠化农村社区参与式水资源管理中农户参与意愿研究[D].贵州:贵州师范大学,2014.
[112]翁贞林.小型农田水利农户参与式管理:研究进展及其述评[J].江西农业大学学报(社会科学版),2012,11(2):42-47.
[113]刘红梅,王克强,郑策.水资源管理中的公众参与研究——以农业用水管理为例[J].中国行政管理,2010(7):72-76.
[114]穆贤清.农户参与灌溉管理的制度保障研究[D].杭州:浙江大学,2005.